Edgar K. Geffroy

Wissenskrieger – von Big Data zu Brain Data

REDLINE | VERLAG

EDGAR K. GEFFROY

WISSENS KRIEGER

VON BIG DATA ZU BRAIN DATA

Die perfekte Zukunftsstrategie für die Knowledge Economy

Bibliografische Information der Deutschen Nationalbibliothek
Die Deutsche Nationalbibliothek verzeichnet diese Publikation in der Deutschen Nationalbibliografie. Detaillierte bibliografische Daten sind im Internet über http://d-nb.de abrufbar.

Für Fragen und Anregungen:
info@redline-verlag.de

1. Auflage 2022

Türkenstraße 89
80799 München
Tel.: 089 651285-0
Fax: 089 652096

Die gewählte männliche Form bezieht sich immer zugleich auf weibliche, männliche und diverse Personen. Auf konsequente Doppelbezeichnung wurde aufgrund besserer Lesbarkeit verzichtet.

Redaktion: Monika Spinner-Schuch
Umschlaggestaltung: Marc Fischer
Umschlagabbildung: Kolonko/Shutterstock
Satz: ZeroSoft, Timisoara
Druck: GGP Media GmbH, Pößneck
Printed in Germany

ISBN Print 978-3-86881-904-5
ISBN E-Book (PDF) 978-3-96267-455-7
ISBN E-Book (EPUB, Mobi) 978-3-96267-456-4

Wir produzieren nachhaltig
www.m-vg.de

Weitere Informationen zum Verlag finden Sie unter
www.redline-verlag.de
Beachten Sie auch unsere weiteren Verlage unter www.m-vg.de

INHALT

WIDMUNG

Ich widme dieses Buch Herbert Schwingenschuh, Geschäftsführer des Unternehmens Conform Badmöbel in Imst, Österreich. Conform stellt individuelle Badmöbel her, die innerhalb von neun Werktagen produziert werden. Ein Novum in der Branche. Regelmäßig erhält er für seine Möbel Designpreise.

Ich lernte Herbert Schwingenschuh 2016 nach meinem Vortrag kennen, den ich im Rahmen von 1a, der Vereinigung der Heizungs- und Sanitärinstallateure in Österreich, hielt. Als Herbert Schwingenschuh mir sein Geschäftsmodell vorstellte, war ich sofort begeistert. Er sprach mich an, weil ihn mein Vortrag »Der digitale Kunde« sehr interessierte. Obwohl sein Unternehmen bereits bestens aufgestellt war, begannen wir, eine digitale Strategie, die Kunden und Mitarbeiter in den Mittelpunkt stellte, zu entwickeln.

Warum ich dieses Buch Herbert Schwingenschuh widme? Weil er mich an dem Tag anrief, an dem die Coronapandemie alles zum Stillstand brachte. Statt abzuwarten, forderte er ein sofortiges Aktionsprogramm, um seinen Kunden helfen zu können. Als noch keiner darüber sprach, geschweige denn es nutzte, schaltete er konsequent um auf Kundenkontakte und Kundenpräsentationen per Zoom und Microsoft Teams. Wir entwickelten gemeinsam eine Strategie, wie er seine Kunden über seine neuen Produkte online informieren könnte, als alle Wettbewerber gedanklich zugemacht hatten. Plötzlich spürten die Kunden, dass er es ernst meinte, auch in der schwierigsten Zeit, wenn es darum geht, Partnerschaft zu leben. Ohne direkte Umsatzabsichten.

Die Digitalisierung wurde zum wichtigsten Mittel, um da zu sein, wenn man gebraucht wird. So einfach es klingt, so schwer ist es, in einer solchen Zeit der Erste zu sein. Herbert Schwingenschuh erkannte die Gunst des Augenblicks. Plötzlich ging es um mehr. Die Kunden öffneten sich und so konnte Conform online bis zu 60 Verkäufer an einem einzigen Tag schulen.

Und das war erst der Anfang. Herbert Schwingenschuh erkannte die Chancen der Digitalisierung in allen Bereichen. Von der automatisierten Fertigung bis zur digitalen Bürowelt investierte er in die Zukunft für seine Kunden und Mitarbeiter. Ganz konsequent erkannte er die Chancen, die die digitale Welt in der entstehenden Wissensgesellschaft bietet. Für mich ist er zu einem digitalen Pionier geworden, der die schwierigste Zeit nutzte, um neue Wege zu gehen.

Darum widme ich Herbert Schwingenschuh dieses Buch, in der Hoffnung, dass noch mehr Unternehmer bereit sind, die digitalen Chancen in der Knowledge Economy zu erkennen.

WARUM DIESES BUCH IHR BUSINESS ZUKUNFTSSICHER MACHT!

EINLEITUNG

Sie lesen jetzt mein 30. Buch oder vielleicht das erste Buch einer neuen Ära. Der von mir oft erwähnte Paradigmenwechsel ist da!

Dieses Mal fiel es mir nicht leicht, denn ich wollte eine wirklich neue Zukunftsstrategie entwickeln, die jedem Unternehmen hilft, geschäftlich erfolgreicher zu werden. Ich wollte etwas Konkretes liefern, um den wesentlichen Satz meiner Clienting®-Strategie zu bekräftigen. Der Satz lautet: »Unser Geschäft ist es, zu helfen, damit unsere Kunden selbst bessere Geschäfte machen.« Ich wollte meinem eigenen Anspruch gerecht werden: »Folge niemals der Idee eines anderen und finde eine Lücke, die andere nicht sehen.« Es sollte eine Strategie sein, die mindestens zehn Jahre Gültigkeit haben wird, wenn nicht sogar länger. Ich will nicht im Strom derer mitschwimmen, die ihre Ideen perfekt vermarkten können, aber bei genauerem Hinschauen nicht wirklich Neues liefern.

Der Blick über den Teich Richtung USA ist leider in den letzten Jahren enttäuschend geworden. Normalerweise spricht man ja davon, dass uns Amerikaner zehn Jahre voraus sind. Das kann ich momentan nicht erkennen. Weltbestseller wie der *The One Minute Manager* oder *Who Moved My Cheese*, um nur zwei zu nennen, sind schon ziemlich lange her.

Um es deutlich zu sagen: Steve Jobs ist als Unternehmer immer ein Vorbild für mich gewesen, darum spielt auch in diesem Buch Apple immer wieder eine wichtige Rolle. Leider ist Steve Jobs zu früh von uns gegangen. Sonst hätte er nicht fünf, sondern zehn Märkte neu erfunden.

Natürlich hat sich auch im Silicon Valley eine unvorstellbare Erfolgsstory entwickelt, auf die ich in diesem Buch bewusst zurückgreife. Sicherlich gibt es heute in China und in Israel ebenfalls neue Zentren. Aber immer noch haben die Firmen der Silicon-Valley-Elite einen Ruf, der ihnen vorauseilt.

Aber ehrlich gesagt wollte ich etwas »Made in Germany« entwickeln. Das ist mir vor rund 30 Jahren mit Clienting® gelungen, obwohl viele damals geglaubt haben, dass dieser Absatz aus den USA stammt. Ich wollte etwas Neues schaffen, das vielleicht auch jetzt wieder der Zeit voraus ist, aber uns alle in den nächsten Jahren und Jahrzehnten betreffen wird. Ich wollte einen Weg finden, Erfolg zu demokratisieren, und damit mehr Möglichkeiten schaffen, dass Menschen unabhängig von Alter, Ausbildung und Zugehörigkeit ihre eigene Erfolgsstory schreiben können.

Sie glauben, das ist nicht möglich? Einverstanden! Es hat fünf Jahre gedauert, diese Strategie zu entwickeln, um damit die Spielregeln eines Marktes neu zu definieren. Am Ende wird es unsere ganze Gesellschaft verändern. Wir befinden uns in einer Zeitenwende, bei der kein Stein auf dem anderen bleiben wird. Die vor uns liegenden Herausforderungen sind immens. Klimawandel, Globalisierung, die Coronapandemie und der Krieg in der Ukraine werden alles verändern, was Firmen über Jahrzehnte aufgebaut haben. Jedes Unternehmen wird neue Wege gehen müssen und Zukunftssicherheit als oberste Priorität definieren.

Rausgekommen sind bis heute 25 Vorteile, die diese Strategie jedem Unternehmen bieten kann. In der Regel treffen mindestens drei auf jedes Unternehmen zu. Was bleibt, ist die Herausforderung, es umzusetzen und die Chance zu nutzen, Erster zu sein.

Damit wünsche ich Ihnen viel Spaß beim Lesen dieses Buches und viel Erfolg bei der Umsetzung. Und Sie kennen mich ja: Wenn wir etwas gemeinsam tun können, sprechen Sie mich einfach an!

Ihr *Edgar K. Geffroy*
Knowledge-Economy-Zukunftsstratege

KAPITEL 1
DIE INNOVATIVE ZUKUNFTSSTRATEGIE FÜR DIE DIGITALE WELT

... und wie Sie Ihren Markt neu erfinden

Setzen Sie heute schon Wissen als innovative Zukunftslösung ein, um in den umkämpften Märkten einzigartige Wachstumschancen zu generieren? In verschiedenen globalen Zentren des Vordenkens ist die Antwort auf diese Frage längst gegeben. In den Vereinigten Staaten etwa, im Silicon Valley, im chinesischen Shenzhen, im südkoreanischen Seoul: Überall dort hat sich im digitalen Zeitalter explosionsartig die Idee durchgesetzt, dass im Unternehmen gesammeltes Wissen der entscheidende Erfolgsfaktor der Zukunft sein wird. Dementsprechend entstehen dort Superbrain-Unternehmen, die das gesamte eigene Wissen bewahren, strukturieren und punktgenau einsetzen – und damit den Wettbewerb komplett auf den Kopf stellen. In Deutschland ist diese Idee noch nicht angekommen. Hier lassen sich Firmen immer noch von traditionellen Parametern wie Produkt, Service, Umsatz und Gewinn treiben. Diese Parameter sind zwar immer noch wichtige Wirtschaftsfaktoren, doch in einer Knowledge Economy entscheiden sie nicht mehr über Sieg und Niederlage. Die Spielregeln haben sich längst gedreht. Zum Glück hat die Knowledge Economy ihren Siegeszug gerade erst begonnen. Es ist also noch Zeit, auf diesen Zug aufzuspringen. Und das gilt insbesondere für Deutschland, das Land, das einer neuen Studie zufolge auf dem vorletzten Platz in Europa steht, wenn es um Digitalisierung geht. Und eines muss richtig verstanden werden: Digitalisierung ist lediglich die Straße, auf der dann die Knowledge Economy fahren kann.

Knowledge Economy ist die jüngste Entwicklungsstufe in einer sich ständig wandelnden globalen Wirtschaft. Es geht um ein lebendiges, reges System der systematischen Sammlung und Nutzung von Wissen, das dem Unternehmen enorme und vor allem messbare Vorteile erbringt. Stellen Sie sich einen virtuellen Mammutbaum vor, von dem unzählige Äste abgehen. Diese Äste bilden Fragestellungen und Antworten ab. Tag für Tag erweitert sich das dichte Astwerk, es strebt immer weiter empor, immer weiter, bis tief ins Universum. Der Mensch beziehungsweise Mitarbeiter ist in einer Knowledge Economy der Schlüssel dafür, dass sich dieser Baum unendlich mächtig ausprägt – weil er immer neue fruchtbare Elemente einbringt. Das Gute dabei: Wissen entsteht einfach; es kostet nichts, ist aber langfristig außerordentlich wertvoll. Denn auch das Know-how von Mitarbeitern, die längst nicht mehr im Unternehmen arbeiten, bleibt erhalten und wird zwangsläufig zum Teil des Prinzips und des Wachstumserfolgs.

Das Geheimnis hinter dem Knowledge-Effekt ist schnell gelüftet: Je mehr Wissen ein Unternehmen bündelt, desto mehr zeigt sich ein erstaunlicher Effekt, der dem Netzwerkeffekt von Social Communities entspricht: der Effekt der großen Menge. Es gilt: Je mehr User sich auf einer sozialen Plattform tummeln, desto höher der Nutzen für die einzelnen User und desto beträchtlicher der Vorsprung gegenüber der Konkurrenz. Bei wissensbasierten Playern ergibt sich dieselbe Chance – mit immer weiteren Knowledge Nuggets, wertvollen Wissensbausteinen, die in verschiedenen Formaten – Texte, Grafiken, Audios, Videos – vorliegen. In der Cloud kann sich unendlich viel Wissen ansammeln. Die Konsequenz: Für jede noch so kleinteilige Fragestellung lässt sich binnen Sekunden eine Antwort finden. Vorteile generieren zugriffsberechtigte Kunden, die keine aufwendigen Anrufe mehr tätigen müssen, und Mitarbeiter, die ebenjene teils komplizierten

Gespräche nicht mehr führen müssen. Doch nicht nur Kundenthemen werden abgedeckt, das gesammelte Wissen ist auf sämtliche internen Themengebiete anwendbar, von der Produktinnovation bis zum Recruiting. Ein gewaltiger Vorteil, der gegenüber sämtlichen internen und externen Nutzern einleuchtend vermarktet werden kann. Teil der Informationsinfrastruktur muss eine ebenso niedrigschwellige wie leistungsstarke Suchfunktion sein und eine flächendeckende, granulierte Basis an Antworten. Eine präzise Suche und maßgeschneiderte Resultate führen zu sekundenschnellen positiven Erlebnissen. Log-in: drei Sekunden; Suche: drei Sekunden; und schon die Antwort lesen. Und in einer von künstlicher Intelligenz (KI) geprägten Zukunft wird es noch schneller gehen, weil der Algorithmus multidimensionale Aspekte mitdenkt und Antworten präsentiert, lange bevor das Keyword zur jeweiligen Frage eingegeben ist.

Auch bei dieser Strategie steht der einzelne Mitarbeiter im Mittelpunkt, denn gerade bei Wissenskriegern muss jeder im Unternehmen gleichermaßen auf Kurs gebracht werden. Als Wissenskrieger bezeichne ich die Mitarbeiter, die mit ihrem Know-how den Herzschlag ihres Unternehmens bestimmen. Ein potenzieller Knowledge Winner muss eine wissensorientierte Unternehmenskultur schaffen, bei der die Mitarbeiter ihr Wissen bereitwillig zur Verfügung stellen. Jeder Mitarbeiter sollte zudem verinnerlichen, dass Wissen nicht mehr nur ein Erfolgsfaktor von vielen darstellt, sondern der Fokus ist, um den sich künftig alles dreht. Im Kundenkontakt sollten neu auftretende Fragen und Antworten genauso mitgedacht werden wie bei internen Gesprächen, Kreativsitzungen und Produktionsprozessen – schlicht in jeder Situation, in der frische Erkenntnisse auftreten können. Und das immer mit dem Ziel, das neue Wissen festzuhalten – auf digitalen Plattformen, die speziell zu diesem Zweck eingeführt werden. Ein Open-Source-Ansatz bindet gleichzeitig den Kunden mit ein und motiviert ihn, seine Erfahrungen mit dem Produkt oder dem anbietenden Unternehmen digital zu teilen. Besonders nachkommende Generationen erwarten einen unkomplizierten Zugriff auf Wissen. Entsprechende Anwendungen beherrschen sie als Digital Natives ohnehin perfekt. Auch auf dem Markt für Talente hebt sich ab, wer begreift, dass die Generation Z am Nabel der Zeit agieren möchte – mit innovativen Möglichkeiten, Wissen zu sammeln, zu ordnen und zu nutzen, sowie einer Kultur, die vorausschauendes Denken lebt.

Ein nicht unerheblicher Nebeneffekt der Wissensorientierung ist die einhergehende Wertschätzung gegenüber dem eigenen Personal: »Uns ist das Wissen jedes einzelnen Mitarbeiters wichtig« ist die Botschaft, die nach innen ausstrahlt und in allen eine höhere Motivation und stärkere Identifikation freisetzt.

Warum tun wir das alles? Die wahre Herausforderung liegt heute beim intelligenten Kunden. Während früher Kunden als ahnungslose Verbraucher eingestuft und entsprechend behandelt wurden, sind sie heute den Unternehmen und Verkäufern in den meisten Fällen mit ihrem Wissensstand überlegen. Sie können sich heute durch die digitale Welt just in time mit Wissen versorgen. Wissen, das deutlich aktueller und umfassender ist als das des Verkäufers. Und so ist auch der nächste Wettbewerber nur einen kurzen Klick entfernt. Was Kunden nicht abrufen können, sind Antworten auf spezifische Fragen für Problemstellungen in der täglichen Praxis mit den Produktlösungen des Anbieters. Meistens werden solche Fragen auch gar nicht gestellt, weil es schlicht und einfach keine Plattform dafür gibt. Und weil der Kunde es auch gar nicht erwartet.

Genau dort setzt unser Knowledge Clienting® an. Unsere Zukunftsstrategie kombiniert das Wissen der Mitarbeiter zum Vorteil des Kunden und liefert mit Knowledge Nuggets konkrete Lösungen für die »Kittelbrennfaktoren« (KBF) des Kunden. So entsteht eine Zukunftsstrategie, die das Wissen der Mitarbeiter, der Kunden und sogar der Partner intelligent miteinander vernetzt. Es erwächst eine neue Dimension als Unterscheidungsmerkmal und Positionierungschance. Employee Experience schafft eine neue Form der Customer Experience. Oder anders ausgedrückt: Es findet ein Know-how-Transfer aus den Köpfen der Mitarbeiter in die Köpfe der Kunden statt.

Schaffen Sie sich Ihr eigenes virtuelles Future Lab. Dieses neue Geschäftsmodell wird bei unseren Kunden bereits mehr als erfolgreich eingesetzt. Produktlösungen und Serviceengagement werden um die dritte Komponente Knowledge – oder Wissen, falls Ihnen das deutsche Wort lieber ist – erweitert. Somit ist man raus aus der Vergleichbarkeit und profitiert von einer völlig neuen Wachstumsstrategie. Setzen Sie auf Brain Data und lassen Sie Ihr Wissen für sich arbeiten. Und geben Sie die Antworten für morgen schon heute.

Jedes Unternehmen kann diesen Prozess aus dem Nichts in Gang setzen – egal, wo es steht. Jedes Unternehmen kann sich in Zeiten, in denen Produkte immer austauschbarer werden, durch Know-how unterscheiden. Der Pionier-Vorsprung gegenüber nachfolgenden Unternehmen wird mit jedem Knowledge Nugget weiterwachsen. So sind Sie nicht nur raus aus der Vergleichbarkeit, sondern schaffen möglicherweise im selben Zug einen eigenen neuen Markt, wodurch Sie Ihr Unternehmen zukunftssicher gestalten. Und genau darum geht es.

Wenn Sie so wollen, haben Sie jetzt das Executive Briefing für den Start in eine neue Welt des Geschäftserfolgs erhalten. Die Erfahrungen in unseren Projekten zeigen, dass es leider durchaus ein komplexeres Thema ist, bei dem wir deutlich tiefer einsteigen müssen. Die folgenden Kapitel haben deshalb den Zweck, meine Erfahrungen mit Ihnen zu teilen. Auch ich lerne jeden Tag noch mehr hinzu, weil wir Neuland betreten. Neuland in einer Wissensgesellschaft, die gerade erst dabei ist, richtig Fahrt aufzunehmen. Aber wir betreten auch eine Welt, die neue Marktführer schaffen wird. Es lohnt sich also durchaus dabeizubleiben.

KAPITEL 2
DIE KNOWLEDGE ECONOMY

... und die Neuentdeckung einer wissensbasierten Wachstumsstrategie für jedes Unternehmen

Hatten Sie auch schon mal das Gefühl, dass noch irgendetwas fehlt? So ging es mir bei meinem Buch *Das Einzige, was stört, ist der Kunde*. Alles war fertig. Aus meiner Sicht allerdings fehlte der entscheidende Match Pitch, wie ich es heute nennen würde. Match Pitch bedeutet, die zentrale Story auf einen Satz oder ein Wort zu reduzieren und damit bereits sehr viel auszudrücken. Wie die maximale Länge eines Streichholzes. Das sind rund sieben Sekunden. Beim vorgenannten Buch entstand dadurch der Begriff Clienting, der bis heute die Arbeit mit meinen Kunden geprägt hat. Wieder einmal stand ich vor der gleichen Situation, etwas Neues zu schaffen und es auf wenige Worte zu reduzieren.

Für unsere Zukunftsstrategie haben wir bereits das Wording gefunden: Knowledge Clienting®. Dieser Begriff wird in diesem Buch präzisiert. Die Frage lautet allerdings, ob es noch etwas Zentraleres geben würde. Etwas, was uns vielleicht alle betrifft. Viele sprechen ja auch von einer Zeitenwende, einem Paradigmenwechsel oder sogar vom Entstehen einer neuen Weltordnung. Den meisten von uns ist klar, dass wir nicht mehr so weiterarbeiten können wie bisher. Vielen ist auch klar, dass etwas grundlegend Neues in der

Wirtschaft entstehen muss. Dass die Coronapandemie und der Krieg in Europa eine neue Herausforderung nicht gekannten Ausmaßes schaffen werden.

Was wird neu entstehen jenseits der aktuellen Probleme wie Mitarbeitermangel, Umwelt, CO_2-Ausstoß, Lieferketten und Energieabhängigkeiten? Sollte es so sein, dass genau diese Herausforderungen Etappenbausteine auf dem Weg hin zu einer neuen Wirtschaft sind? Dass dieser Prozess bereits vor vielen Jahren angefangen hat, aber jetzt erst in eine konkrete Phase mit Auswirkungen für jeden Menschen wechseln wird?

Um ein Verständnis für die Zukunft zu entwickeln, müssen wir zuerst einmal in die Vergangenheit hineinschauen. Dabei hilft uns ein russischer Wirtschaftswissenschaftler mit dem Namen Nikolai D. Kondratjew (1892–1938). Er hatte eine These aufgestellt, die ihn letzten Endes sein Leben gekostet hat, weil er damit Stalin provozierte. Seine These lautete: Weltweites Wachstum, Wohlstand und Reichtum für alle ist nicht abhängig von der politischen Grundeinstellung, sondern einzig und allein von sogenannten Durchbruchinnovationen, wie er es nannte. Dazu gehört beispielsweise die Erfindung der Dampfmaschine. Die konsequente Nutzung dieser Technologie war der Grund, warum England zu einer Weltmacht aufstieg und so das »Commonwealth« schaffen konnte. Nationen, die diese Chancen vor allen anderen erkannten, wurden so zu dominanten Playern der Weltgeschichte. Allerdings gab es leider keine Garantie für dauerhaften Erfolg. Irgendwann mussten sich Gesellschaften wieder auf völlig neue Herausforderungen einstellen. So geschah es, als sich die Agrargesellschaft zur Industriegesellschaft entwickelte und Deutschland dabei zunehmend eine führende Rolle einnahm. Wenn man so will, wurden die Regeln aufgelöst oder komplett auf den Kopf gestellt. So hatten im Agrarzeitalter die Großgrundbesitzer die Macht, die heute bedeutungslos geworden ist. Menschen haben auf dem Land gearbeitet und sind in die Städte gezogen. Fabrikbesitzer wurden zu den neuen Herrschern der Welt, die plötzlich eine industrielle Welt war. Unsere heutige Welt ist immer noch stark bestimmt von unserer Industriekompetenz, die von Automobil- und Maschinenbaufirmen geprägt wurde, um nur zwei herausragende Industriezweige zu nennen. Das Qualitätssiegel »Made in Germany« hat unsere Kompetenzen dann in der Welt berühmt gemacht.

Kondratjew ging noch einen Schritt weiter und präzisierte die Zeiträume, in denen sich die Wirtschaft neu zu erfinden hatte. Er spricht von sogenannten 50-Jahre-Zyklen. Innerhalb dieses Zeitraums entsteht eine 25-jährige Aufschwungphase, an die sich eine ebenso lange Abschwungphase anschließt. Entscheidend ist es jetzt, das richtige Timing für die nächste Entwicklung einer gesellschaftlichen Hochkonjunktur zu finden. Ein Umschalten und Investieren in einer frühen Phase könnte genauso fatale Auswirkungen haben wie ein zu spätes Umschalten. Dazu muss man Folgendes wissen. Ich sage immer: Alles dauert länger, als man denkt. Es entspricht leider nicht meiner Einstellung, ist aber meine Lebenserfahrung. Börsianer kennen das Phänomen des Einstiegs zum richtigen Zeitpunkt. Erfahrungsgemäß brauchen auch neue Technologien Jahrzehnte, bis sie die Welt verändern. So entwickelte bereits 1973 Martin Cooper das erste Mobiltelefon für Motorola, bevor es 1998 die ersten straßentauglichen Mobiltelefone gab. Und vom iPhone war damals noch gar keine Rede. Ähnlich sieht es mit dem Internet aus: Am 29. Oktober 1969 wurden zum ersten Mal zwei Computer über eine Telefonleitung miteinander verbunden. Doch erst 1993 machte sich das Internet auf, die Welt zu erobern. Und der erste Computer? Der erste funktionsfähige Digitalrechner und somit der erste Computer, wie wir ihn definieren, wurde bereits 1941 in Berlin gebaut. Konrad Zuse entwickelte seinen Z3 getauften Rechner mitten in den Wirren des Zweiten Weltkriegs. Heute durchzieht Digitalisierung jede Faser unseres Lebens.

Neue Technologien mussten schon immer eine lange Inkubationszeit durchlaufen, bevor sie unser aller Leben veränderten. Diese Durchbruchinnovationen nutzten Nationen, um ihre weltweite Vormachtstellung zu erringen. So gelten die USA heute als Weltmacht, weil sie in den meisten Bereichen der Computertechnologien führend sind und in einigen Bereichen heute eine Monopolstellung innehaben. Doch was kommt als Nächstes? Was wird unsere Zukunft prägen? Wie werden wir in Zukunft leben und arbeiten? Alles das ist abhängig von der nächsten Entwicklungsstufe.

Gehen wir davon aus, dass die Industriegesellschaft ihren Höhepunkt überschritten hat und die Durchbruchinnovation Computertechnologie wesentlich in dieser Gesellschaftsform integriert ist. Jetzt stellt sich die Frage nach dem Nachfolger, gesellschaftlich wie technisch. Schnell kann man zu dem Schluss kommen, dass die nächste Entwicklungsstufe die Digitalisierung ist. Das ist einerseits zwar richtig, denn Digitalisierung schafft erst die Voraussetzungen, etwas Neues entstehen zu lassen. Und hier haben wir aus deutscher Sicht noch viel aufzuholen. Laut einer neuen Studie befindet sich Deutschland in Europa auf dem vorletzten Platz im Digitalisierungsranking. Aus diesem Grund bin ich auch dem Beirat der größten Digitalisierungsoffensive Deutschlands »Mission TOP 5« beigetreten, die sich zum Ziel gesetzt hat, Deutschland in die Liga der fünf führenden Digitalnationen Europas zu bringen. Aber Strom war auch nur die Voraussetzung, um damit völlig neue Welten entwickeln zu können. Betrachten wir es wie den Bau einer Autobahn: Erst wenn die Autobahn fertig ist, können wir unsere Autos dort zum Einsatz bringen.

Heute befinden wir uns offensichtlich in einer Welt, in der sich die Spielregeln des Erfolgs dramatisch ändern. Jeder spürt es jeden Tag. Mitarbeiter haben andere Vorstellungen und Ansprüche, Kunden haben andere Forderungen und die Gesellschaft entwickelt zunehmend Sensibilität für Umwelt und Nachhaltigkeit. Was ist die Lösung? Was wird unser aller Leben verändern? Die Auswirkungen der entstehenden Wissensgesellschaft kann noch keiner übersehen und eine Begriffsdefinition ist erst in den Anfängen. Über viele Jahre zeigte ich immer wieder eine Grafik, die die Entwicklung von einer Industriegesellschaft hin zu einer Wissensgesellschaft zeigte. Dieses Thema begleitete mich über ein ganzes Jahrzehnt, und um ehrlich zu sein, ohne dass ich mir über die wirklichen Konsequenzen im Klaren war. Dass ich eines Tages eine neue Strategie entwickeln würde, die wesentlich auf Wissen basiert, war mir zu diesem Zeitpunkt nicht bewusst.

Als dieses Buch praktisch fertig war und bereits erste Erfolge durch eine Wissensstrategie auf dem Tisch lagen, erinnerte ich mich an meine früheren Arbeiten zum Thema Wissen. Aber immer noch fehlte das treffende Wording. Der Groschen fiel bei mir, als ich auf einem Flug nach Doha die Werbung einer Universität aus dieser Stadt hörte. Dort, in dieser Präsentation, spielte der Begriff »Knowledge Economy« die entscheidende Rolle. Damit konnte ich den Kreis schließen, denn die Knowledge Economy, auf Deutsch »Wissensgesellschaft«, wird unser Leben und Arbeiten in Zukunft entscheidend prägen. Bis heute bin ich erstaunt darüber, wie wenig dieses Thema in der breiten öffentlichen Diskussion vertreten ist. Selbst in den USA, dem Ursprungsland vieler Innovationen, ist die Knowledge Economy noch kein Mainstream. Selbst Wikipedia ist diesbezüglich noch nicht up to date. Eine deutsche Definition der Knowledge Economy gab es zum Zeitpunkt der Fertigstellung dieses Buches schlicht und einfach noch nicht.

Nachstehend die Übersetzung des Begriffs aus der englischen Wikipedia:

»Die wissensbasierte Wirtschaft ist ein Wirtschaftssystem, in dem die Produktion von Waren und Dienstleistungen hauptsächlich auf wissensintensiven Tätigkeiten beruht, die zum Fortschritt der technischen und wissenschaftlichen Innovation beitragen. Das Schlüsselelement des Wertes ist die größere Abhängigkeit von Humankapital und geistigem Eigentum als Quelle innovativer Ideen, Informationen und Praktiken. Unternehmen müssen dieses ›Wissen‹ in ihre Produktion einfließen lassen, um den Geschäftsentwicklungsprozess zu fördern und zu vertiefen. Es besteht eine geringere Abhängigkeit von physischem Input und natürlichen Ressourcen. Eine wissensbasierte Wirtschaft stützt sich auf die entscheidende Rolle, die immaterielle Vermögenswerte im Umfeld von Organisationen bei der Förderung eines modernen Wirtschaftswachstums spielen.«

Eine wissensbasierte Wirtschaft zeichnet sich durch hoch qualifizierte Arbeitskräfte im mikro- und makroökonomischen Umfeld aus; Institutionen und Industrien schaffen Arbeitsplätze, die spezialisierte Fähigkeiten erfordern, um den Anforderungen des globalen Marktes gerecht zu werden. Wissen wird als zusätzlicher Input zu Arbeit und Kapital betrachtet. Grundsätzlich besteht das primäre individuelle Kapital eines Menschen aus Wissen sowie der Fähigkeit, Leistung zu erbringen, um wirtschaftlichen Wert zu schaffen.

In einer wissensbasierten Wirtschaft erfordern hoch qualifizierte Arbeitsplätze ausgezeichnete technische Fähigkeiten und Beziehungsfähigkeiten wie Problemlösung, die Flexibilität, Schnittstellen zu verschiedenen Fachbereichen zu schaffen, sowie die Fähigkeit, sich an Veränderungen anzupassen, im Gegensatz zur Bewegung oder Herstellung physischer Objekte in konventionellen, produktionsbasierten Volkswirtschaften. Eine wissensbasierte Wirtschaft steht im Gegensatz zu einer Agrarwirtschaft, in der die primäre Wirtschaftstätigkeit die Subsistenzwirtschaft ist, für die hauptsächlich manuelle Arbeit erforderlich ist, oder zu einer industrialisierten Wirtschaft, die durch Massenproduktion gekennzeichnet ist, in der die meisten Arbeitnehmer relativ ungelernt sind.

Eine wissensbasierte Wirtschaft betont die Bedeutung von Qualifikationen in einer Dienstleistungswirtschaft, der dritten Phase der wirtschaftlichen Entwicklung, die auch als postindustrielle Wirtschaft bezeichnet wird. Sie ist verwandt mit der Informationswirtschaft, in der die Bedeutung von Informationen als nichtphysisches Kapital hervorgehoben wird, und der digitalen Wirtschaft, in der der Grad der Erleichterung des Handels durch die Informationstechnologie betont wird. Für Unternehmen wird geistiges Eigentum wie Geschäftsgeheimnisse, urheberrechtlich geschütztes Material und patentierte Verfahren in einer wissensbasierten Wirtschaft wertvoller als in früheren Epochen.

Der Übergang der Weltwirtschaft zu einer wissensbasierten Wirtschaft wird auch als Informationszeitalter bezeichnet, das eine Informationsgesellschaft hervorbringt. Der Begriff Wissensökonomie wurde von Peter Drucker als Titel des Kapitels 12 seines Buches *The Age of Discontinuity* (1969) bekannt gemacht, das Drucker dem Ökonomen Fritz Machlup zuschreibt und das auf die von Frederick Winslow Taylor entwickelte Idee des wissenschaftlichen Managements zurückgeht.

Übersetzt mit www.DeepL.com/Translator

Die nächste Frage, die ich mir damals bei der Erstellung des Buches *Das Einzige, was stört, ist der Kunde* stellte, lautete: Kann es wirklich sein, dass das Thema Kunde bis zu diesem Zeitpunkt keine Rolle spielte? Hatte ich etwas übersehen? Ich hatte nichts übersehen. Im Jahre 1993 existierte die konsequente Kundenorientierung so gut wie in keinem Unternehmen. Eine Zahl bestätigte später diese Annahme: 4 Prozent der Unternehmen sind kundenorientiert, 96 Prozent nicht. Das hat sich zum Glück bis heute geändert. Nach meiner Einschätzung befinden wir uns jetzt in einer vergleichbaren Situation. Die entscheidende Schlüsselfrage der Zukunft lautet: Wie viel Prozent der Unternehmen sind wissensbasiert? Ich bin mir sicher, dass das Ergebnis aus heutiger Sicht noch geringer ausfallen wird, als es damals aus Kundensicht war. Das kann nur bedeuten, dass wir gerade erst am Anfang sind, an dessen Ende die Wissensgesellschaft, die Knowledge Economy, unser Leben prägen wird. Wenn Kondratjew Recht behält, dann fehlt an dieser Stelle die nächste Durchbruchinnovation. Schnell könnte man geneigt sein, die Digitalisierung als Durchbruchinnovation zu definieren, ändert doch die Digitalisierung in Konsequenz alles. Ob wir heute einkaufen gehen, Bankgeschäfte tätigen, Flugreisen buchen, Börsenkurse checken, Fitnessprogramme zusammenstellen: Nahezu alles funktioniert heute über eine App-Anwendung. Machen Sie sich den Spaß und prüfen Sie einmal, welche Apps Sie gerade auf Ihrem Smartphone offen haben. Sie werden feststellen, dass es sehr schnell 50 und mehr sind. Der Unterschied ist nur, dass wir uns mittlerweile daran gewöhnt haben. Trotz alledem ist es immer noch die erste Stufe der Digitalisierung oder die digitale Halbzeit, wie ich es nenne.

Ist damit die Digitalisierung die Durchbruchinnovation? Aus meiner Sicht noch nicht. Diese kommende Technologie wird noch einmal alles in den Schatten stellen, was wir kennen. Sie wird in Bereiche vordringen, die wir bisher nicht für möglich gehalten haben und die wir als Domäne der

Menschen betrachten. Diese Technologie wird noch einmal unser aller Leben verändern, wie es das Internet, die Computertechnologie und die Smartphones geschafft haben. Diese Technologie hat auch das Potenzial, Menschen reich zu machen, wenn sie in die richtigen Unternehmen investieren. So wie in den Gründerzeiten der vorgenannten Technologien, als Investitionen in Microsoft oder Apple sich später tausendfach auszahlten.

Entsteht innerhalb der nächsten Jahre eine solche Technologie, die die Digitalisierung als Hebeleffekt nutzt, um das Leben der Menschheit zu verändern? Und damit meine ich das Leben jedes Einzelnen, denn dieser Anspruch wird für die Knowledge Economy gelten. Wenn es nicht Digitalisierung oder Blockchain ist, was ist es dann? Ich bin überzeugt davon, dass die neue Durchbruchinnovation die künstliche Intelligenz sein wird. Diese Technologie hat das Potenzial, Katalysator für die Knowledge Economy zu sein und die treibende Kraft neuer Lebenswelten. Jetzt ist KI kein neuer Begriff. Ganz im Gegenteil: Laut Wikipedia fand der Begriff »Künstliche Intelligenz« zum ersten Mal im Jahre 1955 Verwendung. Der US-amerikanische Informatiker John McCarthy nutzte ihn im Rahmen eines Förderantrags für ein Forschungsprojekt.

Ähnlich wie in meinen oben genannten Beispielen ist die Inkubationszeit neuer Technologien auch hier sehr lange. Irgendwann verlässt allerdings diese Technologie die Nische und wird zu einer breiten Anwendung für jeden. Ich gehe davon aus, dass dieser Zeitpunkt nicht mehr lange auf sich warten lässt. Bereits jetzt gibt es jeden Tag zunehmend KI-basierte Anwendungen, die völlig neue Möglichkeiten schaffen. Denken wir nur an DeepL: Das Übersetzungsprogramm eines Kölner Unternehmens arbeitet auf KI-Basis und liefert perfekte Übersetzungen, derzeit in 26 Sprachen.

Der große Durchbruch für jeden wird allerdings noch kommen. Ich bin auf den exakten Zeitpunkt gespannt. Er dürfte nicht mehr in allzu weiter Ferne liegen. Dann wird diese Technologie unser Leben verändern. Viele Berufszweige und Berufe, die wir heute kennen, wird es nicht mehr geben. Oder zumindest werden sie nicht mehr so funktionieren, wie wir es heute kennen. Die Oxford University hat in einer Studie ermittelt, dass bis zum Jahre 2030 rund 50 Prozent aller Jobs durch KI-Lösungen übernommen werden können. Alle Jobs, die standardisierbar sind, werden von künstlicher Intelligenz beeinflusst oder gar verdrängt. Und das sind eine ganze Menge. In einer deutschen Studie des Instituts für Arbeitsmarkt- und Berufsforschung (IAB) geht man von ähnlichen Zahlen aus. Nach deren Berechnungen werden 44 Prozent aller Berufsgruppen durch KI verändert. Man kann also schon jetzt mit ziemlicher Sicherheit sagen, dass fast jeder Zweite in zehn Jahren anders leben und arbeiten wird. Die Frage wird nur sein, wie viel Zeit wir haben werden, um uns auf diese Situation in der Zukunft einstellen zu können.

Die nächste entscheidende Frage lautet: Wann wird die künstliche Intelligenz Voraussetzungen für eine neue Wirtschaft und eine neue Lebenswelt schaffen? Nach meiner Überzeugung ist es nicht mehr eine Frage des »Ob« oder »Ob nicht«, sondern nur noch eine Frage des »Wann« und »Wie«. Wenn künstliche Intelligenz zum Erfolgsfaktor für jedes Unternehmen wird, dann ist sicherlich die Frage berechtigt, welche Rolle die Menschen in dieser Zukunftswelt spielen werden. Aus meiner Sicht nach wie vor die entscheidende Rolle. Und auch hier geht es um das Wissen in den Köpfen der Mitarbeiter. Dieses Wissen ist nicht organisiert, strukturiert und systematisiert. Ich nenne es »Brain Data«. Wenn die Standards mit künstlicher Intelligenz gelöst werden können und auf riesigen Datenmengen basieren müssen, dann wird die kreative Intelligenz den entscheidenden Unterschied ausmachen. Oder wie man es auch nennen könnte: die HI, die Human Intelligence. Die Kombination von KI und HI, die Verbindung von Big Data und Brain Data, wird mehrere zentrale Probleme der Zukunft lösen.

Doch wir dürfen die bereits entstandenen und weiterhin wachsenden Probleme nicht aus den Augen verlieren: Uns werden immer mehr Mitarbeiter und damit Fachkräfte fehlen, weil wir durch den Ausstieg der geburtenstarken Jahrgänge auch auf immer weniger Leute zugreifen können. Zusätzlich nehmen sie ihr gesammeltes Know-how aus Jahrzehnten mit in den

Ruhestand. Selbst Anwerbungen, egal aus welchen Quellen, werden dieses Defizit nicht mehr ausgleichen können. Damit eröffnet sich eine neue Chance, Mitarbeiter im Unternehmen neu zu qualifizieren, weil Standardjobs durch KI gelöst werden. Neue Jobs werden zusätzlich entstehen. Man geht von über zwei Millionen neuer Mitarbeiter für KI-Anwendungen aus. Die gute Nachricht: Mitarbeiter müssen keine stupiden Jobs mehr machen, sondern können jetzt ihre Kreativität und ihr Engagement zum Erfolg des Unternehmens einbringen. Unternehmen können jetzt die Zeit nutzen und zu mitarbeiterbasierten Unternehmen werden, die das Wissen der Mitarbeiter in den Mittelpunkt stellen. Sie werden zu First Movern und können damit die Poleposition besetzen. Geht meine Grundidee auf, werden neu qualifizierte Mitarbeiter kreative Lösungen für Kunden entwickeln und die Brain Intelligence des Unternehmens als Brain Capital immer weiter ausbauen.

Die Chancen der Knowledge Economy für Unternehmen und für die Wirtschaft werden in diesem Buch von mir detailliert beschrieben. Es ist keine Wirtschaftstheorie mehr, sondern wird mit meinem Team in Unternehmen bereits sehr erfolgreich eingesetzt. Damit liegt der Fokus dieses Buches eindeutig auf der Wissensgesellschaft und den Chancen, die sich daraus für jedes Unternehmen und für jeden Einzelnen ergeben.

Natürlich wird die Knowledge Economy Einfluss auf uns alle und unser gesamtes Leben haben – und das auf lange Sicht gesehen für jeden Menschen auf diesem Erdball. Wer hätte vor 20 Jahren gedacht, dass wir im Jahre 2024 laut aktueller Hochrechnung 4,5 Milliarden Smartphone-Nutzer haben werden? Genauso wie die Agrargesellschaft durch die Industriegesellschaft revolutioniert wurde, wird jetzt noch einmal die Industriegesellschaft durch die Wissensgesellschaft neu erfunden. Kein Stein bleibt dann mehr auf dem anderen. Der Beginn einer neuen Weltordnung, die wir hoffentlich richtig zu nutzen wissen. Ich bin überzeugt davon, dass wir gerade erst am Anfang stehen und die Knowledge Economy erst einmal verstehen müssen. Es geht jetzt erst einmal darum, die Potenziale und die weiteren Möglichkeiten zu erkennen. Wie werden wir in dieser Economy leben, lernen, arbeiten, kaufen und verkaufen?

Eines steht heute schon fest: Wir werden alle Verantwortung übernehmen müssen und wir werden nachhaltiger handeln müssen. Lassen Sie uns diese Zukunft gemeinsam gestalten. Der erste Schritt besteht darin, in unseren Unternehmen anzufangen, die Menschen dort mitzunehmen und die Knowledge-Clienting-Strategie umzusetzen.

Wie Brain Capital die Businesswelt verändern wird

Wissen ist Macht: Es gibt Gesetzmäßigkeiten, die so selbstverständlich sind, dass wir sie gar nicht mehr hinterfragen. Schon immer war weitergereichtes Wissen der ausschlaggebende Erfolgsfaktor: Hatte ein Tischler vor 100 Jahren seinen Sohn zum Nachfolger auserkoren, dann hat er ihm alles beigebracht, was er selbst in den letzten Jahrzehnten an Wissen, Techniken und Kniffen angesammelt und erlernt hatte. Im Prinzip hat sich daran bis heute nichts geändert: Angehäuftes Wissen wird nach wie vor weitergereicht – mit dem Unterschied, dass dieses Wissen heute aus unzähligen Quellen stammt. Dieses umfassende Wissen ist neben Arbeit und Kapital ausschlaggebend für konkurrenzfähiges Handeln, doch während Arbeit und Kapital weitgehend Konstanten sind, ist Wissen hochgradig flexibel. Es wird ständig vermehrt und wartet darauf, abgerufen und genutzt zu werden. Wer auch morgen noch up to date sein möchte, nutzt konsequent die Erkenntnisse aus Wissenschaft und Forschung. Wer diese Erkenntnisse frühzeitig umsetzt, kann diesen Wissensvorsprung in bare Münze verwandeln.

Heute ist dieses Prinzip auf dem besten Weg, nicht nur Unternehmen, sondern ganze Wirtschaftsmodelle auf den Kopf zu stellen. Digitalisierung ist die lang ersehnte Autobahn, auf der die Unmengen an Wissen endlich transportiert werden können. Jetzt, wo die Infrastruktur vorhanden ist, findet der Übergang von der Industriegesellschaft zur Knowledge Economy statt. Wissen stellt also nicht nur einige Unternehmen oder einzelne Märkte, sondern die gesamte Wirtschaft auf den Kopf. Der Prozess des Übergangs lief wie die Digitalisierung selbst anfangs eher langsam an, doch mit zunehmendem Fortschritt erhöhte sich auch hier das Tempo des Wandels. Dieser Prozess lässt sich nicht aufhalten. In der neuen Wirtschaftsform wird sich eines grundlegend ändern: die Art und Weise, wie Menschen kooperativ zusammenarbeiten. Dieser Wandel ist mehr als eine Reform. Es ist eine Ablösung von der materialbasierten Wirtschaft des 20. Jahrhunderts in das Zeitalter des Wissens, und die Währungen dieses neuen Wirtschaftssystems heißen Gedanken, Kreativität, Vorstellungskraft und Information. Das bedeutet: Der Mensch und seine Kompetenzen rücken in den Mittelpunkt. Künftig hängt Erfolg davon ab, wie Mitarbeiter ihre kreativen Kapazitäten für die Produktion innovativer Produkte und Dienstleistungen einsetzen und ihr Wissen nutzen, um sowohl digitale als auch materielle Güter in der Wissenswirtschaft zu gestalten. Es braucht dafür Mitarbeiter, die in der Lage sind, komplexe Perspektiven zu entwerfen und das gesammelte Wissen anzuwenden.

Damit kein Missverständnis aufkommt: Jedes bisherige Wirtschaftssystem basierte auf Wissen. Was ist heute anders als bisher? In der Knowledge Economy, die sich seit einigen Jahren immer mehr zum führenden Wirtschaftssystem entwickelt, beruht die Produktion von Waren und Dienstleistungen in erster Linie auf Tätigkeiten, die *spezielles* Wissen voraussetzen. Das rückt den Produktionsprozess selbst in die zweite Reihe. Wenn die Möglichkeiten und Instrumente der Digitalisierung den Zugang zu Wissen demokratisieren, wird der Anwender zum Zünglein an der Waage: Bestehendes Wissen, das von kreativen Mitarbeitern weitergedacht wird und innovative Ideen hervorbringt, wird zum Schlüsselfaktor für den Geschäftsentwicklungsprozess und in der Folge auch für wirtschaftlichen Erfolg. Das intellektuelle Kapital (Brain Capital) der Mitarbeiter wird zum Unternehmensmotor und damit zum entscheidenden Faktor für die Unternehmensentwicklung im Wettbewerb. Es sind deshalb die immateriellen Vermögenswerte, an denen sich Unternehmen in Zukunft messen müssen. Die Big Player der

Wirtschaft zahlen heute Milliarden für kleine Unternehmen, die weder über eine nennenswerte Zahl an Mitarbeitern noch über wertvolle Maschinenparks verfügen. Es ist das kostbare Wissen, das sie einkaufen. Das richtige Wissen, das in den richtigen Köpfen steckt. Das Wissen darüber, wie Märkte und Menschen funktionieren. Und ganz besonders das Wissen darüber, wie Begehrlichkeiten geweckt und Bedürfnisse gestillt werden. Seit uns Maschinen die Arbeit abgenommen haben, erzeugt der Faktor Arbeit immer weniger Output. Soll heißen: Wer lediglich seine Arbeitskraft zur Verfügung stellt, aber nicht zur Wissensvermehrung beiträgt, wird es künftig immer schwerer haben, sich selbst zu vermarkten.

Wissen ist natürlich auch weiterhin eine Frage der Bildung. Unser Bildungssystem hat die Transformation der Digitalisierung bisher allerdings weitgehend verschlafen. Die Verabschiedung von Overheadprojektoren und die Anschaffung von Whiteboards sind noch nicht einmal Tropfen auf heiße Steine. In Schulen wird zudem nach wie vor das Wissen vermittelt, das seit 20 Jahren kostenlos im Internet abrufbar ist. Schulen sollten sich heute deutlich mehr als vorbereitende Institution auf das Leben in der Knowledge Economy verstehen und sich entsprechend positionieren. Wer heute aus der Schule kommt, wird sich nicht mehr auf einen Job freuen können, der ihn 45 Jahre lang ernährt. Das war in Zeiten der Agrarwirtschaft und auch des bisherigen Industriezeitalters das angestrebte Lebenskonzept. Stattdessen wird es künftig zwingend erforderlich sein, ständig neues Wissen aufzusaugen und die Bereitschaft zu entwickeln, mit maximaler Flexibilität auf neue Anforderungen zu reagieren. Immer mehr Berufsbilder setzen technologisches Know-how voraus. Wer hohe Ziele anvisiert, muss sich höheres Wissen aneignen. Nischenwissen, über das nur wenige verfügen. Selbst ein Studium wird immer mehr an Wert verlieren. Seien wir ehrlich: Wer in einer Jobausschreibung ein Studium voraussetzt, der beraubt sich schon selbst eines Großteils an möglichen Talenten und Potenzialen. Nichts gegen Fachidioten: Sie haben uns dahin gebracht, wo wir heute stehen. Jetzt sind allerdings Mitarbeiter gefragt, die das Wissen weiterdenken, altes und neues Wissen miteinander verknüpfen und in Lösungen denken. Mitarbeiter, die erkennen, welches Wissen benötigt wird und wo sie es finden; die dieses Wissen sammeln und bereitstellen, damit später eben nicht mehr danach gesucht werden muss.

Lebenslanges Lernen ist natürlich auch heute und morgen noch gefordert, und das nicht nur in einem scharf umrissenen Themenbereich. Lernen macht allerdings nur Spaß, wenn man sich für das Thema begeistern kann. Der viel geforderte Blick über den Tellerrand wird zur Selbstverständlichkeit, denn das Wissen aus anderen Fachbereichen sollte mit dem bereits vorhandenen verbunden und angereichert werden. Je selbstverständlicher die Bereitschaft zur Wissensvermehrung, desto höher werden sich die Karrierechancen darstellen. Brauchte man früher für seinen Arbeitsplatz in erster Linie zwei Hände, nimmt jetzt der Kopf die Schlüsselrolle ein. Kopfarbeit ersetzt Handarbeit, denn Handarbeit kann jeder leisten. Und was jeder kann, wurde schon immer eher schlecht bezahlt.

Wissen ist global. Und Einstellungssache.

Wissen kennt in einer digitalen Welt keine Grenzen mehr, und das vergrößert den Wissenspool Richtung Unendlichkeit. Dies wiederum erhöht für viele Unternehmen den Konkurrenzdruck, denn in den meisten anderen Ländern ist das Lohnniveau deutlich niedriger als bei uns. Das hat allerdings einen willkommenen Nebeneffekt, eine echte Chance, die es zu nutzen gilt: High Performer aus anderen Ländern sind bereit, uns ihre außerordentlich wertvollen Fähigkeiten zur Verfügung zu stellen. Das Unternehmen gewinnt einen Experten, der ein höheres Gehalt einstreicht: eine Win-win-Situation, die neues Wissen generiert, das abgespeichert werden kann.

Unternehmen haben allerdings nicht nur ein Interesse an Topmitarbeitern. Ebenso wertvoll wie deren Wissen ist das Wissen über die Art und Weise, wie sie dieses Wissen generieren. Die Fähigkeit, Wissen zu sammeln und zu speichern, ist schließlich nicht jedem gegeben. Noch seltener ist die

Fähigkeit, das richtige Wissen in der richtigen Situation anzuwenden. Jeder auf der Welt ist heute in der Lage, sich die Basics für ein Business anzueignen. Doch erst der nächste Schritt macht den Unterschied und trennt die Spreu vom Weizen. Dann zeigt sich, wer sich darauf versteht, sich erweitertes Wissen anzueignen und gezielt einzusetzen. Heute ist es nicht mehr damit getan, einen Bedarf zu identifizieren und mit der entsprechenden Produktion zu starten. Heute zählt Geschwindigkeit mehr denn je: Wer ist zuerst mit einer brauchbaren Lösung am Markt? In der Regel schenken die Verbraucher dem Pionier das Vertrauen. Deshalb ist es natürlich zwingend erforderlich, notwendiges Wissen in möglichst kurzer Zeit zu sammeln und zu adaptieren, sprich: für den eigenen Zweck zu nutzen. Im nächsten Schritt stellt sich die Frage: Wie schnell kann ich die Mitarbeiter gewinnen, die für das Erreichen meines Ziels zwingend erforderlich sind? Je schneller das gelingt, desto schneller bin ich mit meinem Entwurf am Markt. BioNTech hat ganz vortrefflich bewiesen, wie effizient und zielführend das Zusammenspiel von Manpower, Wissen und Geschwindigkeit sein kann.

In einer Knowledge Economy gilt es mehr denn je, die richtigen Fragen zu stellen. Informationen wollen gefunden werden, sie kommen nicht von selbst zu uns. Wir müssen allerdings wissen, welche Informationen wir brauchen. Dafür benötigen wir Filtersysteme, die uns die richtigen Informationen aus der Unmenge an Daten herausfischen. Damit diese Systeme effizient arbeiten können, müssen sie regelmäßig auf ihre Leistungsfähigkeit hin überprüft werden. Dazu muss jeder Mitarbeiter ins System eingebunden werden. Ein Unternehmen ist schließlich ein lebender Organismus, dessen Produktivität sich über die Summe der Leistungsfähigkeiten aller Mitarbeiter definiert. Ein System von Befehl und Kontrolle ist da eher kontraproduktiv. Vielmehr sollte jeder Mitarbeiter Freiheiten genießen, die ihn dazu motivieren, Wissen zu produzieren, zu nutzen und zu bewerten. In einer hierarchischen Ordnung wissen die Mitarbeiter immer mehr als die Führungskräfte, was automatisch zu Reibungspunkten führt, die es zu eliminieren gilt. Einzelne Mitarbeiter wissen sogar mehr über die Kunden als das

Unternehmen selbst, was zu nicht gewollten Abhängigkeiten führt. Die Qualität einer Zusammenarbeit definiert sich auch weiterhin über das Klima. Führungskräfte müssen heute nicht mehr führen. Viel wichtiger ist, dass sie ihren Mitarbeitern Freiräume zur Verfügung stellen und dafür sorgen, dass diese ungestört Leistung bringen und Wissen generieren können, ohne zu hohen Druck zu verspüren.

Wissen weiterdenken

Wissen darf nicht nur gesammelt und katalogisiert werden, denn dann wird es zum schlafenden Riesen. Wissen wird erst wertvoll, wenn es geweckt und weitergedacht wird. Ein Unternehmen lebt schließlich in erster Linie von Ideen, die auf Neudenken und insbesondere Weiterdenken des bestehenden Wissens basieren. Es wird deshalb für Unternehmen immer wichtiger, ihren Mitarbeitern Raum für Kreativität zu geben.

Kreativität galt lange Zeit als Ausdrucksmittel von Künstlern. Der Rest der Welt wird in Familie und Schule auf Rationalität ausgerichtet. Wir sollen uns von Kindesbeinen an auf die Anwendung des bereits Existierenden konzentrieren, uns in unserem Denken an Vernunft und Zweckmäßigkeit orientieren. Schließlich soll Denken produktiv sein, nicht Wunschdenken. Kreativität wird schon im Kindesalter erstickt: Mit Sätzen wie »Lass das, das kannst du noch nicht« wird versucht, lösungsorientiertes Denken (und Kreativität ist nichts anderes) bereits im Keim zu ersticken. Und die Erwachsenen? In zu vielen Unternehmen werden kreatives Denken und Teamfähigkeit ganz oben auf die Wunschliste gesetzt, doch wenn der Neudenker dann eingestellt ist und seinen kreativen Gedanken freien Lauf lässt, wird er erst einmal auf das Standarddenken eingenordet.

Kreativität braucht Zeit und Denker, die Kreativität zielführend einsetzen. Nach wie vor werden Denker in Unternehmen künstlich beschnitten, indem man ihnen sogar die Pausen nimmt. Allerdings sind Pausen für kreatives Denken essenziell, denn sie sind die Zeiträume zwischen dem Gewesenen und dem, was noch kommt. Pausen sind die Inseln im Fluss der Zeit, der heilige Boden, der kreatives Denken erst möglich macht. Die besten Ideen kommen uns nicht von ungefähr unter der Dusche, in der Badewanne und ganz besonders immer dann, wenn wir die Augen schließen. Entspannung ist das Zauberwort. Wir schöpfen Kraft aus dem unendlichen Reichtum des Unterbewusstseins. Wir sind irgendwann von der Außenwelt völlig isoliert, und unser Gehirn befindet sich in einem dunklen Raum, wo es neue kreativitätsfördernde Synapsen bilden kann. Diesen neurologischen Trick nutzen moderne Unternehmen: Sie stellen ihren Mitarbeitern Dark Rooms und Floating-Kapseln zur Verfügung, in denen in völliger Dunkelheit und Ruhe Ideen entwickelt werden können. Studien bescheinigen dieser Methode eine rund 30-prozentige Steigerung der Kreativität. Wahre Erleuchtung findet also – wer hätte das gedacht – im Dunkeln statt.

Modernes Brainstorming ist nichts anderes als Kreativität, die auf dem gesammelten Wissen der Teilnehmer besteht. Das Team mit dem höchsten Grad an Diversität gewinnt, denn gemeinsames Generieren von Ideen profitiert außerordentlich von personeller Vielfalt. Die Unterschiedlichkeit der Denkansätze bringt neue Lösungen zur Welt, die sonst nie erdacht worden wären. Harmonie und Lösungen entstehen nicht selten auch aus Polarisierung, Differenzen und Gegensätzen. Durch Reibung entsteht bekanntlich Feuer. Glauben Sie mir: Ohne Kreativität werden wir immer auf denselben Wegen laufen und uns wundern, dass wir ständig wieder dort ankommen, wo wir schon immer waren. Kreisläufer waren schließlich noch nie nennenswerte Entdecker. Ich sage das bei meinen Keynotes immer wieder: Erfolg entsteht durch das Brechen von Regeln und durch Ausbrechen aus alten Mustern. Die wichtigste Voraussetzung für die dafür notwendige Kreativität ist ein breites Wissen, die zweitwichtigste die Fähigkeit, aus diesem Wissen neue Verbindungen zu erschaffen und völlig neue Zusammenhänge zu erkennen. Irgendwo dazwischen liegt noch eine dritte wesentliche Voraussetzung: Angstfreiheit, denn nur wer ohne Strafe denken darf, ist frei genug, wirklich groß zu denken. Kreativität ist eine

Kunst, die nicht jeder beherrscht. Auch hier kommt es immer auf den generierten Output an.

Mit welchen Maßnahmen können wir kreatives Denken fördern? Indem wir das verhindern und vermeiden, was es ausbremst. Routine beispielsweise ist Gift für Kreativität. »Wann haben Sie eigentlich das letzte Mal etwas zum ersten Mal gemacht?« Diese Frage sollten Sie sich viel öfter stellen. Denn wer Kreativität Spielraum geben möchte, in dem sie sich ausbreiten kann, muss neue Umgebungen suchen, denn nur neue Umgebungen liefern bisher nicht gekannte Eingebungen. Lesen Sie Bücher von Autoren, die noch nicht in Ihrer Bibliothek vertreten sind. Fliegen Sie im Urlaub mal an einen Ort, an dem Sie aus heutiger Sicht im Leben nicht gelandet wären. Oder reservieren Sie einen Tisch in einem Restaurant, dessen Speisekarte auf den ersten Blick eher nicht zu Ihren Geschmacksknospen passt. Neue Bilder, neue Worte, neue Klänge, neue Düfte, neue Inhalte: Ihr Gehirn erschafft neue Verbindungen, die dazu beitragen, bisher Unbekanntes zu nutzen, um es mit Bekanntem zu etwas Neuem zu verbinden. Wer mehr Werkzeuge in seinem Portfolio versammelt, kann schließlich völlig anders gestalten als vorher. Fordern Sie Mitarbeiter und Kollegen auf, Ihre Gedanken weiterzudenken. Und wenn das nicht funktioniert, fragen Sie einfach einen völlig Fremden, der auf einem völlig anderen Gebiet seine Denkmuster formt. Wenn lineares Denken scheitert, hilft vielleicht absurdes Denken. Je vernetzter Gehirnhälften miteinander kommunizieren, desto überraschender und ungewöhnlicher gestaltet sich möglicherweise der Output. Wer wagt, gewinnt. Wer Tag für Tag immer nur Landschaften oder Sonnenblumen auf die Leinwand pinselt, kann gar nicht auf die verrückte Idee kommen, sein Bild bei einer Auktion zu schreddern. Die gute Nachricht: Unsere Kreativität wird uns trotz fortschreitender Digitalisierung noch lange vom Computer unterscheiden, denn der kann bis auf Weiteres nur Output erzeugen, der auf Kombination beruht, nicht auf Kommunikation – und erst recht nicht auf Inspiration. Empathie, Vorstellungskraft, Fantasie, zögern, abbrechen und noch einmal ganz von vorn denken: Alles, was uns zu kreativen Menschen macht, fehlt der künstlichen Intelligenz. Mit unserer Kreativität können wir Lösungen dort generieren, wo ein Computer noch nicht einmal einen Verbesserungsvorschlag präsentieren kann.

Eine Wachstumsstrategie, die auf Wissen basiert: Daran kommt kein Unternehmen künftig vorbei. Know-how war schließlich schon immer ein Garant für Markterfolg. Aber Know-how war früher etwas, was man sich aneignen konnte, um es länger zu nutzen. Heute wächst es ständig, weshalb wir darüber nachdenken müssen, wie wir das alles organisieren.

Auch der Arbeitsmarkt wird sich ändern. Künftig wird die Art und Weise, wie mit Wissen umgegangen wird, darüber entscheiden, ob Sie eine Topkraft gewinnen oder an den Wettbewerb verlieren. Wenn ein neuer Mitarbeiter vor der Unterschrift weiß, dass Sie ihm Wissen uneingeschränkt bereitstellen, statt es im Elfenbeinturm unter Verschluss zu halten, haben Sie alle Argumente auf Ihrer Seite. Vorbei sind die Zeiten, in denen nur diejenigen Einblick in die hauseigenen Wissensspeicher erhalten, die dazu auserwählt sind. Jeder weiß heute: Wenn es einen ausgewählten Kreis von Wissenden gibt, gibt es auch einen deutlich größeren Kreis, der bewusst ausgeschlossen wird. Wie soll sich da auch nur ansatzweise eine Vertrauenskultur etablieren?

In der Knowledge Economy entsteht ein neuer Kreislauf: Neues Denken erzeugt Wissen; Wissen erzeugt neues Denken. Wer seine Kunden und seine Mitarbeiter am besten in diesen Kreislauf einbindet, kann sich in seinem Markt an die Spitze setzen und Vorsprünge generieren, die Wettbewerber erst einmal wettmachen müssen. Lassen Sie uns gemeinsam darüber nachdenken, mit welcher Strategie wir dieses Ziel erreichen.

KAPITEL 3
DER KOPFSTAND FÜR MARKTREGELN

... und der Paradigmenwechsel der Wirtschaft

Sind Sie auf die Zukunft vorbereitet? Erkennen Sie bereits heute, dass die Wirtschaft, wie wir sie aus den letzten 50 Jahren kennen, in fünf Jahren nicht mehr so sein wird? Klaus Schwab, der Gründer des Weltwirtschaftsforums im schweizerischen Davos, hat dazu ein Buch geschrieben: *The Great Reset* (*Der große Umbruch*). Er ist nicht der Einzige, der diesen Umbruch als einen neuen Startpunkt wirtschaftlichen Denkens definiert.

Das Business der Zukunft hat sich radikal geändert, aber die meisten Unternehmen leben immer noch von ihrem größten Geburtsfehler: dem Denken und Handeln in Produkten und Dienstleistungen. Zugegeben, solange es kein Internet, wachsende Kundenmärkte und kaum ernstzunehmende Wettbewerber gab, hat dieses Geschäftsmodell tatsächlich perfekt funktioniert. Ein gutes Produkt oder eine gute Dienstleistung war die Grundlage des Erfolgs, und das sogar oft mit weltweiter Reichweite. So wurde um diese Kernidee herum alles perfektioniert. Und es hat geklappt: Unternehmen wurden zu Giganten und bauten ihre Produktstrategie weiter aus. Sie gingen ab und zu Irrwege wie die bekannten, aber leider fatalen Diversifikationsstrategien oder die Glaubenslehre der Wettbewerbsstrategie. Leider waren die neuen Wettbewerber – wie bei Apple gegen Nokia – gar keine Wettbewerber, denn sie verdienten ihr Geld nicht im Bereich Telekommunikation, sondern kamen aus einer anderen Branche, der Computerwelt. Als Nokia erkannte, dass die neuen Handys nichts anderes sind als mobile Computer, die man nebenbei auch noch zum Telefonieren benutzen kann, war es eigentlich schon zu spät. Es entwickelte sich in die falsche Richtung, obwohl Nokia die Grundideen der heutigen Smartphone-Welt noch vor Apple vorgestellt wurden. Leider hatte das Unternehmen den Einsatzzweck eher in der Playstation-Welt verortet.

Zum neuen strategischen Erfolgsfaktor entwickelte sich immer mehr das Internet, das Netz, das sich heute keiner mehr wegdenken kann und will. Es ist zur Schlüsselgröße für Wachstum und Erfolg geworden. 2007 hat Apple-Frontman Steve Jobs mit der Einführung des ersten iPhones ein neues Kapitel in der Wirtschaftsgeschichte geschrieben. Kaum jemand hat so gut wie er die Möglichkeiten erkannt, wie Technologie uns bereichern und verändern kann. Jobs wollte eine Kerbe ins Universum schlagen, und heute wissen wir, dass ihm das durchaus mit Bravour gelungen ist. Die Welt hat durch ihn eine völlig andere Entwicklung genommen, und das nicht nur wirtschaftlich. Auch die Gesellschaft und die Art, wie wir kommunizieren und arbeiten, hat sich komplett verändert. Sie bekommen heute jede Information zu jedem Zeitpunkt: wann Sie sie wollen, wo Sie sie wollen und wie Sie sie wollen. Dieser Wandel hat den heutigen Giganten wie Amazon, eBay, Google, Facebook und allen voran natürlich Apple den Boden bereitet, aber auch neue Regelbrecher wie Uber und Airbnb hervorgebracht. Beide sind ja nicht angetreten, um als Wettbewerber aufzutreten, sondern wollen als Monopolist einen neuen Markt schaffen.

Die Silicon-Valley-Elite hat die alten Regeln des geschäftlichen Erfolgs einfach ausgehebelt; die Unternehmen wurden allesamt fast über Nacht zu Schwergewichten an der Börse. Das ist keineswegs Zufall, sondern hat durchaus System. Die neue Elite denkt anders, handelt anders und erzielt dadurch andere sensationelle Ergebnisse. Sie überrollen uns ständig mit neuen Produkten und Leistungen. Dies macht es den Kontrollgremien schwer, Abläufe und Zusammenhänge zu prüfen. Wer Services nutzen möchte, muss Allgemeine Geschäftsbedingungen mit einem Klick akzeptieren. Doch wer liest sich das durch? Und wer hat überhaupt den erforderlichen juristischen Background?

Der Rest der Wirtschaft nimmt dieses ausgeklügelte System nicht einmal richtig wahr, weil die Silicon-Valley-Unternehmen ihre eigenen Glaubensgesetze haben. Marktmacht ist die höchste Maxime, koste es, was es wolle. Das geht so weit, dass sogar eine Mauer zwischen Unternehmen und Kunden errichtet wird. Wer bei YouTube gesperrt wird, hat es schwer, sich mit Argumenten oder juristischem Beistand gegen die Abschaltung seines Kanals zu wehren. Gilt eigentlich EU-Recht oder US-Recht? Der Kunde soll Produkte kaufen und Services nutzen. Kritik als Form der Meinungsäußerung steht nicht auf der Wunschliste der Schwergewichte der digitalen Szene. Solange die Gewinne sprudeln und die Kunden kaufen, erhält dieses System automatisch seine Legitimation – und unseren Segen.

Deutlich anders gestaltet sich die Situation hierzulande. Den Zugpferden der deutschen Wirtschaft, allen voran der Automobilindustrie, stehen schwere Zeiten bevor. Sie müssen neue Wege gehen, denn die Margen drohen zu schrumpfen, seit Tesla und immer mehr chinesische Hersteller die Muskeln spielen lassen. Wenn Volkswagen heute an einem VW Golf nur noch wenige 100 Euro verdient, ahnt man, welche Herausforderungen gestemmt werden wollen. Unternehmen müssen sich neu erfinden, wenn sie in der digitalen Welt ihre eigene Konjunktur machen wollen. Feintuning reicht längst nicht mehr. Ich gehe so weit zu behaupten, dass Unternehmen einen Kopfstand bisheriger Marktregeln durchführen und neue wirtschaftliche Prinzipien entwickeln müssen. Böse Zungen behaupten, dass die traditionellen Hersteller von Automobilen, allen voran die deutschen Automobilpioniere, irgendwann nur noch als Blechbieger für Tesla & Co. benötigt werden.

Nach mehr als 30 Jahren strategischer und operativer Arbeit mit Unternehmen und Unternehmern bin ich der Meinung, dass der technologische und wirtschaftliche Wandel einen Abschied von der Glorifizierung zwingend erforderlich macht. Wir waren so von unserer Brillanz überzeugt, dass wir gar nicht damit gerechnet haben, dass der Wind der Kreativität uns eines Tages ins Gesicht blasen könnte. Hand aufs Herz: Bauen wir wirklich die besten Autos der Welt? Oder glauben wir das nur, weil wir uns 140 Jahre nach Erfindung des Automobils immer noch für die Könige der Spaltmaße halten? Oder andersrum argumentiert: Selbst wenn wir tatsächlich die besten Autos der Welt bauen, ist damit noch lange nicht gewährleistet, dass wir damit auch automatisch Marktführer sind. Heute stellt sich nämlich eine andere Frage: Wollen die Kunden das beste Auto oder doch lieber das mit dem besten Preis-Leistungs-Verhältnis? Wollen die meisten ein Auto besitzen oder doch lieber nur nutzen? Wollen sie überhaupt noch ein Auto? Oder wollen sie es lieber im Abo, damit man im Sommer ein Cabrio und im Winter einen SUV fahren kann? Oder noch radikaler: Brauche ich überhaupt noch ein Auto? Kann ich nicht mit meinem E-Bike zur Firma fahren? Mein Arbeitgeber kann es mir gern zur Verfügung stellen. Autofahren war gestern.

Einer der Pioniere der neuen Welt der Mobilität ist das Autohaus Kuhn und Witte im norddeutschen Jesteburg. Nach einem Zukunftsworkshop mit mir und meinen Partnern entwickelte Geschäftsführer Oliver Bohn mit seinem Team und mir das »Private Mobility«-Konzept. Mobilität ist das Gebot der Stunde, egal, in welcher Form. Ob als Auto, Abo, Leasing, Miete, E-Bike oder in einer Form, die wir heute noch nicht kennen. Die Halle steht und die Kunden freuen sich über völlig neue Formen der Beziehung. Ein Leben lang, denn Mobility ist heute einer der wichtigsten Kundenbindungsfaktoren.

Wenn ich mich in der Wirtschaft umschaue, sehe ich, dass solche Denkmäler in vielen Branchen bröckeln und einstürzen. Einige von ihnen wird das gleiche Schicksal wie Nokia ereilen. Ein Beispiel: Wer früher von einer Armbanduhr träumte, hat sich für ein Modell mit Schweizer Uhrwerk entschieden, wenn es halbwegs ins Budget passte. Es gibt da ja jede Menge Anbieter, die sich mit Wertigkeiten und Komplikationen nur so übertrumpfen. Apple verkauft heute Quartal für Quartal mehr Uhren als die gesamte Schweizer Uhrenindustrie zusammen. Heute geht es längst nicht mehr um Dinge wie Tradition, Prestige und Glitzer. Es geht um Coolness. Coolness, die auch für normale Geldbeutel erschwinglich ist. Es geht um Technologie, die funktioniert. Eine Apple Watch wird nicht gekauft, weil sie die Uhrzeit anzeigt, sondern weil sie sich nahtlos ins Apple-Ökosystem integriert und unendlich viele Funktionen und nützliche Apps bietet. Sie misst Puls und Blutdruck, erstellt ein EKG und dient als Activity Tracker. Und ganz nebenbei zeigt sie zufällig noch die Zeit an. So wie das iPhone ganz nebenbei auch zum Telefonieren benutzt werden kann. Ende 2021 kündigte Apple an, dass die Uhr künftig auch Depressionen, Demenz und Autismus diagnostizieren soll. Die nächste Generation der Watch hat also beste Aussichten, wieder ein Verkaufsschlager zu werden, denn wer will das schließlich nicht über sich wissen?

Die Silicon-Valley-Strategie beweist, dass Erfolg keine Frage mehr von Tradition, sondern von Kreativität ist. Tesla hatte anfangs eine Vision, aber absolut keine Ahnung, wie man Autos baut. Tesla hatte allerdings einen Riesenvorteil gegenüber den traditionellen Autobauern dieser Welt: Das Unternehmen konnte jeden Schritt und jede Schraube von Grund auf digital denken. Das Desaster mit der Software des Golf 8 konnte nur passieren, weil die traditionellen Hersteller Digitalisierung weitgehend als Flickschusterei betrieben haben. Auch bei einem Tesla läuft nicht alles rund. Der kleine, aber durchaus feine Unterschied: Der Tesla erhält sein Update »over the air«, der Golf muss jedes Mal in die Werkstatt. Da wird Fortschritt schnell zum Rückschritt, zumindest auf der Favoritenskala der Kunden. Die deutschen Ingenieure waren vermutlich irgendwann dankbar, dass sie von Tesla abgeworben wurden. Nur dort können sie ihre Fähigkeiten so einbringen, dass das Endprodukt auch tatsächlich so funktioniert, wie der Kunde und insbesondere der Aktionär das auch erwartet.

Geld regiert die Welt. Und beschleunigt sie.

Warum ist die Silicon-Valley-Strategie so erfolgreich? Der Kernunterschied ist schnell identifiziert: die *Finanzierungsbereitschaft*. Die Venture-Capital-Szene in Kalifornien ist mit der Finanzierungspraxis in Deutschland überhaupt nicht vergleichbar. Hierzulande müssen Start-up-Unternehmer immer wieder präsentieren – und bekommen dann trotzdem kein Geld. Bestenfalls bekommen sie ein Startgeld, doch wenn es in die heiße Phase der Produktentwicklung und des Markteintritts geht, wird eine oftmals millionenschwere Zweitspritze benötigt, die dann allerdings verweigert wird. Geldgeber denken in Deutschland immer noch zu sehr wie klassische Banken. Hier wird erst einmal das Risiko an althergebrachten Messlatten bewertet. Die Punkte, die immer gegen eine Finanzierung sprechen, sind logisch und deshalb schnell aufgezählt: Start-ups generieren keine Umsätze, können keine Sicherheiten vorweisen und in der Regel auch keine bereits erzielten Erfolge in der Karriere des Gründers benennen. Gründer selbst gehen im Fall des Scheiterns auch kein nennenswertes Risiko ein, denn Eigenkapital, das verloren gehen könnte, ist selten vorhanden. Das Risiko liegt aufseiten der Geldgeber.

Allerdings ist gerade in der Berliner Start-up-Szene ein Richtungswechsel zu verzeichnen. Der Finanzierungsexperte Project A beispielsweise investiert mit der richtigen Mischung aus Verstand, Zurückhaltung und Risikobereitschaft. Wie mir mein Sohn David bestätigt, der selbst in der Berliner Start-up-Szene aktiv ist, steigen zurzeit Unternehmen wie die New Yorker Investmentgesellschaft Tiger Global massiv ein. Mit ihren Fonds verfügen sie über genügend Kapital, um die nächsten Unicorns »Made in Germany« zu schaffen. Mit solchen Impulsen kann auch hier eine neue Venture-Capital-Kultur entstehen. Noch sind Zentren wie Berlin oder München im Vergleich zu London oder Paris abgeschlagen. Aber das kann sich schnell ändern. Die Knowledge Economy bietet insbesondere für Start-up-Unternehmen im Bereich künstliche Intelligenz ganz neue Chancen. Es bleibt also spannend zu beobachten, wie sich die deutsche Start-up-Szene entfalten wird.

Nach und nach entwickeln Risikokapitalgeber ein Gespür dafür, welche Geschäftsmodelle es schaffen könnten. Die Bewertungskriterien werden im Verlauf dieses Erkenntnisprozesses angepasst. Als aktuelles Beispiel möchte ich das medienpräsente Mainzer Unternehmen BioNTech nennen: Es zeigt, dass sich auch höchste Investitionen irgendwann um ein Vielfaches auszahlen können. Nicht von ungefähr befindet sich der Firmensitz des Impfstoffherstellers an der Straße »An der Goldgrube«. Wer von Anfang an die Kompetenzen der Gründer und deren Leistungs- und Leidensbereitschaft analysiert, kann erahnen und berechnen, wie sich Risiko und Erfolg zueinander verhalten und einander bedingen.

Doch Geld allein macht bekanntlich auch nicht glücklich. Die Silicon-Valley-Strategie kann deshalb ein zweites Alleinstellungsmerkmal vorweisen: die *Kernidee*. Sie lautet: »Verändere die Welt und schaffe etwas Neues mit den Augen des Kunden.« Mit anderen Worten: »Greife zu den Sternen und packe die Menschen bei ihren Emotionen.« »Think big«, wie es kurz und knackig auf Englisch heißt. Die Welt lässt sich nach dieser Prämisse nur mit Ideen verändern, die den Kunden aus den Herzen sprechen. Produkte oder Services, die höchste Alltagstauglichkeit und Skalierbarkeit bieten und die vor allem das Habenwollen-Gen in sich tragen. Die Technologiebranche hat ein Händchen für solche Dinge entwickelt, und die Unternehmen, die den richtigen Riecher für immer neue Erfolge haben, werden zu Tech-Giganten. Investoren versuchen, solche Unicorns vorauszusehen. Unicorns (Einhörner) sind Start-up-Unternehmen, die vor dem Börsengang mit mehr als 1 Milliarde US-Dollar bewertet werden. Als dieser Begriff 2013 geprägt wurde, gab es weltweit 39 Einhörner. 2021 waren es bereits 803. Das Problem bei diesen Einhörnern liegt in der Bewertung selbst: Während etablierte Unternehmen nach ihren Umsätzen in den Vorjahren bewertet werden, können Start-ups gar keine bewertbare Historie vorweisen. Bewertet wird allein die Zukunftsmusik, sprich: Wachstumschancen und erhoffte langfristige Marktentwicklung. Außerdem fließt die Investitionsbereitschaft der Risikokapitalgeber in die Bewertung ein.

Allerdings ist auch im Silicon Valley nicht alles Gold, was glänzt, denn selbst Einhörner müssen manchmal sterben: Einer Studie aus dem Jahr 2018 zufolge sind Einhörner um durchschnittlich 48 Prozent überbewertet. Spekulative Kalkulationen hatten schon immer ein höheres Risiko, am Ende zu scheitern. Stellt sich natürlich die Frage, wie es zu solchen spekulativen Kalkulationen kommen kann. In erster Linie liegt das vermutlich am Interesse der Investoren, das Start-up schnell wachsen zu lassen, um möglichst schnell in die Gewinnzone zu kommen. Es geht natürlich auch darum, solche Unternehmen attraktiv für Unternehmensaufkäufer zu machen. Selbst oder gerade Unternehmen wie Google kaufen lieber ein fertiges Unternehmen, als über Jahre das im aktuellen Moment benötigte Leistungsspektrum selbst zu erschaffen. Da ist durch eine Übernahme 1 Milliarde schnell eingespart.

Der Sieg des Individuums

Warum ist die heutige Zeit so einzigartig? Einer der vielen zentralen Unterschiede ist ganz einfach erklärt: Es ist das Zeitalter des Individuums, des Individualisten, des Einzelnen.

In meinem Buch *Triumph des Individuums* gehe ich gezielt auf diese Thematik ein. Einzelne Menschen können heute erfolgreicher sein als 90 Prozent der deutschen Firmen. Dabei muss man natürlich lediglich wissen, dass 90 Prozent der Unternehmen weniger als 1 Million Umsatz pro Jahr machen. In der heutigen Zeit sind einzelne Menschen als Experten auf ihrem Gebiet durchaus in der Lage, deutlich mehr als 1 Million Jahresumsatz mit einem kleinen Team oder gar allein umzusetzen. Im industriellen Zeitalter brauchte man dafür Boden, Arbeit und Kapital. Diese drei Voraussetzungen sind im Internetzeitalter nahezu obsolet geworden.

Boden? Meine Firma ist da, wo mein iPhone Empfang hat. Die Suche nach qualifizierten und engagierten Mitarbeitern ist die nächste Herausforderung auf dem Weg zum Experten, denn ohne ein gesundes Maß an Rückendeckung und eine exzellente Vorbereitung ist eine Positionierung nicht möglich. Niemand kann sich vierteilen, und ein Tag hat immer nur 24 Stunden. Ein schlagkräftiges Team besteht aus mindestens zwei Mitarbeitern, die natürlich über das erforderliche Know-how verfügen müssen. Wenn man selbst über dieses Know-how verfügt, ist man auch allein sehr gut unterwegs.

Der dritte Faktor der industriellen Welt ist das *Kapital*. Geld ist auch heute noch ohne Zweifel ein zentrales Thema, doch ein durch Digitalisierung erst möglich gewordenes System wie Crowdfunding bietet auch hier eine zeitgemäße Alternative. Mit einer solchen Schwarmfinanzierung können Projekte gestartet werden, die an klassischen Finanzierungsmodellen scheitern. Wer viele Einzelne für seine Idee begeistern kann, kann es verschmerzen, dass er vorher einen Einzelnen nicht überzeugen konnte. Was kommt dem Einzelkämpfer heute noch zugute? Eine ganze Menge: Heute kann man auf einen riesigen Fundus mit kostenlosem Wissen zugreifen. Niemals zuvor konnte ein Einzelner auf eine weltweite Community von Experten setzen, die Wissen nahezu kostenlos preisgibt. Zudem lässt sich der Vertrieb über das Internet kostengünstig gestalten. Das Wort Einzugsgebiet gibt es für Digital Worker nicht mehr. Niemals zuvor waren Kunden für neue Ideen so aufgeschlossen wie heute, weil sie neue Produkte, Ideen und Dienstleistungen lieben und den Einfallsreichtum anderer bereitwillig belohnen. Eine Software, die früher 199 Euro gekostet hat, ist heute kostenlos zu haben. Oder werbefrei für 2,99 Euro. Heute ist die Masse der Multiplikator.

All diese Möglichkeiten, dieses hohe Maß an Flexibilität, bietet dem Einzelnen völlig neue Geschäftsmodelle. Was allein die Digitalisierung an Jobs in diesem Bereich generiert hat, ist allerdings in keiner Statistik abzulesen. Was früher die Ich-AG war, ist heute der digitale Experte, der allein Umsätze generieren kann, von denen so manches Unternehmen mit zehn Mitarbeitern nur träumen kann. Und wenn man auf die Gewinnzahlen schaut, geht die Schere noch deutlich weiter auseinander. Ich kenne einen App-Entwickler, der ganz allein in seinem Homeoffice sitzt und vor sich hin gestaltet und programmiert. Im App Store werden seine Spiele und Helferlein täglich tausendfach runtergeladen. Er hat einen Schreibtisch, einen Laptop und ein

Smartphone. Er zahlt keine teure Büromiete, der Vertrieb erledigt sich von selbst. Wenn er heute um 16.12 Uhr mit einem Zwischenschritt fertig ist, klappt er seinen Laptop zu und geht joggen. Sein ehemaliger Kollege in der Agentur kann nach getaner Arbeit nicht nach Hause. Er muss bis 17.00 Uhr tatenlos aus dem Fenster starren, denn Arbeitszeit ist Arbeitszeit und Vertrag ist Vertrag. Gut, dass er in der Agentur Alsterblick genießen kann, was sehr teuer ist. Dafür kann er aber seinem ehemaligen Kollegen beim Joggen zuschauen.

Spaß beiseite. Wenn man schaut, wie viele Einzelkämpfer ihr Geld mit YouTube, Online-Marketing, Programmierung und ähnlichen Dienstleistungen in der digitalen Welt verdienen und dabei das Wort Arbeit völlig neu für sich definieren können, dann kann man nur erahnen, was sich diesbezüglich in zehn Jahren entwickeln wird. Der digitale Kunde verlangt immer mehr nach Vereinfachung, aber auch nach Ablenkung und Zerstreuung. Smartphones zeigen uns die tägliche durchschnittliche Bildschirmzeit an. So mancher muss feststellen, dass diese deutlich höher ist als die Schlafenszeit. Tendenz vermutlich steigend. Wir werden schließlich immer digitaler, aber bestimmt nicht konsummüder.

Die digitale Welt bietet nicht nur dem Einzelnen, sondern auch den digitalen Riesen immer mehr Möglichkeiten. Niemals zuvor war es so einfach, Produktion, Logistik, Lager und Distribution so perfekt zu gestalten, ohne eine einzige eigene Fabrik betreiben zu müssen. Apple hat es vorgemacht – und schreibt es auf jedes Produkt: »Designed by Apple in California. Assembled in China.« Der mit der Montage beauftragte taiwanesische Fertigungsriese Foxconn beschäftigt rund 600.000 Mitarbeiter. Analysten schätzen, dass 40 Prozent seines Umsatzes allein durch Aufträge von Apple generiert werden. Win-win at its best: Foxconns Leistungsfähigkeit hat wesentlich dazu beigetragen, dass Apple Anfang 2022 einen Marktwert von sage und schreibe 3 Billionen Dollar erreichen konnte.

Wir befinden uns in einem Zeitfenster, in dem Erfolg einfacher zu erzielen ist als zu anderen Zeiten. Irgendwann wird sich dieses Zeitfenster schließen. Aber jetzt ist es sehr weit offen, und diese einmalige Chance w werden. Nach über 25 Jahren digitaler Transformation haben wir heute erst begriffen, welche Möglichkeiten uns zur Verfügung stehen. Visionäre beschreiben uns, wie die digitale Zukunft aussehen könnte. Der ehemalige Vorstandsvorsitzende von Google, Eric Schmidt, sagte einmal bei einem Treffen der Topmanager und Politiker der Weltelite in Davos den Satz: »Das Internet ist tot.« Die Verwunderung war selbstverständlich groß – bis er diesen Satz erläuterte: Gemeint war das Ende des Internets, wie wir es kennen. Das Internet der Zukunft ist überall und allgegenwärtig. Das Internet of Things wird explodieren. Produkte kommen als Unikate aus dem 3D-Drucker; die intelligente Software steuert dann die Herstellung. Ich habe für dieses neue Internet übrigens schon sehr früh den Begriff »Evernet« geprägt, was die Allgegenwärtigkeit des Internets unterstreichen sollte. Allerdings brauchen wir für die Weiterentwicklung des Internets Rule Breaker und Game Changer. Menschen, die größer und weiter denken können als alle anderen und die bereit sind, Risiken einzugehen, die alle anderen zu vermeiden suchen. Veränderung wird zur täglichen Herausforderung. Auf der Bühne stelle ich immer die Frage: »Was glauben Sie, wie viele von zehn Menschen haben Angst vor Veränderung? Die meisten sagen acht oder neun. Meine Antwort lautet dann: »Letzte Woche sagte einer elf.« Tatsächlich haben 84 Prozent der Menschen Angst vor Veränderung. Das macht es zu einer Herausforderung im Kopf, denn niemand denkt beim Wort Veränderung, dass sie auch durchaus positive Folgen haben kann, insbesondere für den persönlichen Status. Wir lieben den Spatz in der Hand, weil wir nicht wissen, was Veränderung nach sich zieht. Wir verharren in einer Zufriedenheit, die nur existiert, weil wir sie uns einreden. Unternehmer werden Unternehmer, weil sie mehr wollen. Mehr Veränderung. Mehr Zukunft.

Mein Lieblingssatz lautet: »Erfolge entstehen im Kopf – Misserfolge genauso.« Ein weiterer Glaubenssatz von mir lautet: »Folge niemals der Idee eines anderen.« Oder noch konkreter, als Grundidee auch dieses Buches: »Raus aus der Vergleichbarkeit.« Der Gründer von Sony hat diesen Rat einmal geprägt und so die Voraussetzung dafür geschaffen, den Walkman zu entwickeln. Ein vierter Satz lautet: »Sieger glauben nicht an den Zufall.« Und aller guten Dinge sind fünf: »System braucht jeder.«

Das neue System ist der Grund, warum ich dieses Buch schreibe. Stellen Sie sich vor, Sie verfügen über ein System, eine Strategie, mit der Sie mit einer sehr hohen Wahrscheinlichkeit in der Lage sind, extrem erfolgreich zu werden. Hört sich fast unglaubwürdig an. Allerdings kann ich aus meiner Praxis eine erstaunliche Anzahl von Personen und Firmen nennen, die mit dieser Strategie ihren Erfolg erheblich steigern konnten, teilweise sogar vervielfachen. Erst vor Kurzem kam ein Unternehmer zum Strategie-Coaching, der vor zehn Jahren an einem Strategieworkshop teilgenommen hatte. Damals erwirtschaftete er mit acht Mitarbeitern 1 Million Euro Umsatz. Nach der Umsetzung der Strategie erzielte er einen Umsatz von 11 Millionen mit 80 Mitarbeitern und ist zum Marktführer geworden. Heute sind es 135 Mitarbeiter, Tendenz steigend. So ist aus einem Handwerksunternehmen mit der richtigen Systemstrategie etwas geschaffen worden, was künftig seine eigene Konjunktur machen kann.

Strategien sind ein heikles Thema. Sein eigenes Marktverhalten kann man ziemlich gut steuern, nur die Planbarkeit hat gelegentlich ihre Tücken, insbesondere dann, wenn Kunden sich ändern oder neue Wettbewerber den Markt betreten. Erstaunlich ist allerdings auf der anderen Seite, dass nur die wenigsten Menschen und Unternehmen eine echte Strategie mit Konsequenz verfolgen und diese auch tatsächlich schriftlich ausformulieren. Die meisten Unternehmen können lediglich eine Businessstrategie vorweisen, die auf Zahlen basiert. Und das auch nur, weil die Bank sie eingefordert hat. Aber das war es dann auch schon. Eine Strategie, die nachvollziehbar macht, wo man in fünf Jahren stehen möchte, wenn alles nach Plan läuft, existiert selten oder gar nicht. Vermutlich allein deshalb, weil diese Strategie nichts mit Zahlen zu tun hat. Wenn Sie ein Start-up sind, sollten Sie nicht nur die Zahlen für die Banken präsent haben, sondern eine klar ausformulierte Erfolgsstrategie definieren. Erfolg ist weder Zufall noch Hexenwerk, sondern schlicht und einfach zu einem großen Teil Ergebnis einer klar ausformulierten Zielsetzung und eines Plans, der beschreibt, wie man dieses Ziel erreichen möchte. Ich will das Bewusstsein dafür schaffen, dass alles zuerst im Kopf stattfindet und wir unendliche Ressourcen haben, weil wir nur einen Bruchteil unseres Gehirns nutzen. Wir sind ständig beschäftigt, und wenn wir denken, dann in der Regel immer nur in den Bahnen, in denen wir immer schon gedacht haben. Jeder weiß, wie gewinnbringend der vielzitierte Blick über den Tellerrand sein kann, aber dieser Blick gelingt nur den wenigsten. Wir sind von Natur aus mit Milliarden von Gehirnzellen ausgestattet. Ich formuliere es anders: Wir haben ein Geburtsrecht auf Erfolg. Die Frage ist nur, wie wir dieses Recht nutzen, wie wir unsere Denkkompetenzen einsetzen. Unser Gehirn ist einfach gestrickt, denn es verfügt im Großen und Ganzen nur über zwei Seiten. Die linke Hälfte ist die Seite der Logik, der Gesetze und Regeln. Es ist die Seite, die uns in der Bahn halten soll. Sie ist der Meinung, dass alles so bleiben soll, wie es ist, denn das ist immer der Weg des geringsten Widerstands. Wenn ich dieser Seite gefolgt wäre, wäre ich heute immer noch Sachbearbeiter beim Stahlhandel Klöckner.

Aber wo eine linke Hälfte ist, ist zum Glück auch immer eine rechte: die emotionale Seite. Diese Seite darf träumen, Visionen haben, Vorstellungskraft entwickeln, in fremde Welten eintauchen. Sie lässt zu, dass wir auf die eigene Intuition hören. Sie wird durch Metaphern aktiviert, durch die wir anhand unserer Erfahrungen und Erlebnisse Bilder im Kopf formen können. Jeder hat im Leben andere Erfahrungen gemacht, weshalb wir auch alle unterschiedliche Bilder im Kopf generieren. Wenn zehn Menschen einen Handtaschenraub beobachten, kann die Polizei sicher sein, dass zehn unterschiedliche Zeugenaussagen auf dem Tisch landen werden. Frauen, die Handtaschen lieben, achten mehr auf die Handtasche. Wer ein Tattoo hat, kann hinterher das Tattoo des Täters besser beschreiben. Die rechte Hälfte ist interessierter, leidenschaftlicher. Hören Sie auf Ihre innere Stimme. Folgen Sie Ihrer Intuition. Lassen Sie sich inspirieren und Ihre eigene Kreativität befeuern. Machen Sie im Leben das, was Ihr Herz und Ihr Bauch Ihnen vorschlagen. Natürlich muss der Kopf das auch absegnen, aber wenn er merkt, wie sehr Herz und Bauch für das Neue brennen, dann nimmt er das ernst.

Regelbrecher leben von ihrer Intuition. Wer die Welt ein kleines Stück verändern möchte, hat eine Strategie, denn er weiß, dass Bauchgefühl zwar eine tolle Sache ist, aber immer auch eine fundierte Basis braucht. Risiken kann man nicht mit Enthusiasmus besiegen oder gar wegdenken, aber man kann sie mit gesundem Menschenverstand einschätzen. Die Fähigkeit, sich etwas vorzustellen, was es noch nicht gibt, ist Gold wert. Diese Fähigkeit ist die feinste Klinge des Unternehmers, der sich auf den Erfolg seiner Vision konzentriert.

Doch bevor ich näher auf meine Clienting-Strategie und die daraus abgeleitete Knowledge-Clienting-Strategie eingehe, möchte ich ein wesentliches Thema hervorheben: die Kundenzufriedenheit. Nach wie vor ein brandaktuelles Thema, doch leider auch immer noch die größte Fata Morgana. Denn Kunden sind immer dann zufrieden, wenn das eintrifft, was sie erwarten. Wird das Erwartete übertroffen, sind sie verblüfft und begeistert. Bei neuen Produkten und Konzepten ist die Frage nach der Kundenzufriedenheit allerdings die falsche, denn Kunden reagieren mit Zufriedenheit immer nur auf das, was sie bereits kennen. Aus zwei Produkten können sie jederzeit ihren Favoriten benennen, denn sie orientieren sich ganz klassisch an Leistungsumfang, Wertigkeit und Preis. Allerdings fehlt Kunden die Vorstellungskraft für etwas, was es noch nicht gibt. Und so werden Produkte gelauncht, die weder begeistern noch verblüffen – im Wissen, dass Kunden hier ein fachmännisches Urteil abgeben können, was dann andere Kunden zum Kauf bewegt. Im digitalen Zeitalter gelten Online-Produktbewertungen von wildfremden Menschen mehr als ein Expertenurteil. Hätte Steve Jobs genauso gedacht, wie Handykunden damals nun einmal gedacht haben, wäre er eher bei einer Firma wie Klöckner gelandet als an der Spitze eines Multi-Milliarden-Dollar-Unternehmens. Ich bin fest davon überzeugt, dass er die Billionen schon damals anvisiert hat, schlicht und einfach deshalb, weil er sie für möglich gehalten hat. Und weil seine außergewöhnliche Vorstellungskraft solche Gedanken zugelassen hat.

Unterm Strich ist der Kunde zufrieden, wenn er das bekommt, was er verlangt. Zufrieden, aber trotzdem nicht glücklich. Es fehlt etwas. Es fehlt das, was er sich nicht vorstellen kann. Weil er sich noch nie gefragt hat, ob es das überhaupt gibt oder ob er es braucht. Um es mit einem Beispiel deutlicher auszudrücken: Keiner konnte sich ein iPhone vorstellen, bevor es präsentiert wurde. Und noch weniger konnten sich vorstellen, dass dadurch die ganze Welt verändert werden könnte. Es war die geniale Fähigkeit von Steve Jobs zu erkennen, was Kunden brauchen, ohne dass diese wussten, dass sie es brauchen. Und solche Chancen gibt es immer wieder. Doch allzu oft stoßen solche Chancen und Ideen auf Ablehnung. Ein Bekannter sagte einmal bei der Einführung der Mobiltelefone: »Im Auto ist das für ein paar Geschäftsleute und Politiker interessant, aber du glaubst doch nicht im Ernst, dass jemand auf der Straße telefoniert, wo jeder hört, was er zu sagen hat …« Wie gesagt: Es braucht Vorstellungskraft, um Visionen in Gang setzen. Und eine gehörige Portion Mut, diese Vision dann umzusetzen.

Ich hatte die spannende Gelegenheit, nach einem Vortrag längere Zeit mit dem Europa-Chef von Oracle zu diskutieren. Dies war eines der aufschlussreichsten Gespräche, die ich je geführt habe. Wir diskutierten fast zwei Stunden über heutige Kunden, das Silicon Valley, die digitale Transformation. Oracle ist ein Silicon-Valley-Unternehmen, das bei seinen Kunden digitale Transformation implementiert. Er sagte: »Transformation ist der falsche Begriff. Es geht nicht um Transformation, es geht um Disruption.« Was frei übersetzt heißt: Es geht um Zerstörung. Das ist auch der Grund, warum es Start-up-Unternehmen leichter fällt, in bestehende Märkte einzubrechen und sie zu revolutionieren. Es fällt ihnen leichter als etablierten Unternehmen, die versuchen, etwas neu zu erfinden, was außerhalb ihres gewohnten Spektrums liegt. Wenn man den Hochrechnungen der Experten Glauben schenken darf, werden in zehn Jahren 50 Prozent der Unternehmen auf der Fortune-500-Liste so nicht mehr existieren. Den meisten von ihnen wird der Begriff Disruption nicht gefallen, denn sie sind von Natur aus eher geneigt, alles so zu belassen, wie es ist. Aber wahrscheinlich würden Sie dieses Buch nicht in den Händen halten, wenn Sie dazugehören würden.

Meine Kunden kommen seit fast 40 Jahren aus zwei Bereichen: Entweder sind sie Herausforderer, die etwas Besonderes erreichen oder bewegen wollen, oder sie sind Verteidiger des Alten, die mit dem Rücken zur Wand stehen und sich etwas Besonderes einfallen lassen müssen, um zu überleben. Das Grundmotiv ist in beiden Fällen gleich: neue Wege gehen. Beide haben erkannt, dass Wachstum in digitalen Zeiten nur entstehen kann, wenn Innovation im Spiel ist. Denn das ist die Quintessenz der Digitalisierung: Jeder möchte immer nur das Neue. Kunden möchten das neueste Smartphone, weil die Produktzyklen diese Begehrlichkeiten erzwingen. Jedes Jahr kommt ein neues iPhone. Ein etwas besserer Prozessor, obwohl bereits der alte Geschwindigkeiten liefert, die man nie braucht; eine etwas bessere Kamera, auch wenn die alten Bilder schon mehr als top waren; ein um 30 Prozent brillanteres Display, obwohl man einen Unterschied zum alten Display nur feststellen kann, wenn beide Geräte nebeneinanderliegen und ein Bild präsentiert wird, das diese Darstellungsmöglichkeiten auch wirklich bedient beziehungsweise ausschöpft. Dennoch sind die aktuellen Quartalszahlen garantiert wieder besser als die letzten. Es ist das »Habenwollen«, ausgelöst durch Social-Media-Beiträge der Influencer, die ihren Followern klarmachen, vorschreiben und raten, was diese brauchen und begehren.

Smartphone-Hersteller müsste man sein. Alle anderen Unternehmen dieser Welt müssen weiterhin nach Strategien suchen, mit denen sie Kunden von ihren Produkten überzeugen können. Auf dem Weg zu einer neuen Strategie wird das von mir neu entwickelte Knowledge Clienting eine zentrale Rolle spielen. Das klassische Clienting selbst wurde Mitte der Neunzigerjahre von mir entwickelt und vorgestellt und hatte einen revolutionären Ansatz.

»Clienting ersetzt Marketing«: Unter Anwendung dieses Ansatzes konnten meine Kunden ihren Verkauf revolutionieren. Zugegeben, das war damals eine provokante These. Als mein Buch *Das Einzige, was stört, ist der Kunde* vorgestellt wurde, veränderte sich bei mir alles, denn es begann für mich ein wahrer Spießrutenlauf. Ich wurde ignoriert, diffamiert und intensiv angegriffen. Wie konnte ich es nur wagen, das etablierte Marketing infrage zu stellen? Und wo blieben die Beweise? Man versuchte mich zu nötigen, es »Relationship Marketing« zu nennen. Das war zum damaligen Zeitpunkt ein sehr populärer Begriff aus dem Bereich Customer Relationship Management (CRM). Als ich mich weigerte, musste ich den Club 55 verlassen. In diesem Club sind die führenden Marketing- und Verkaufsexperten Europas unter einem Dach versammelt.

Kaum einer glaubt mir heute, dass das Buch am Anfang gar kein Erfolg war. Es brütete geschlagene drei Jahre vor sich hin, bevor es dann doch noch die Bestsellerlisten eroberte und seitdem geschlagene 100 Wochen auf der Bestsellerliste der *Wirtschaftswoche* stand. Heute ist das Buch ein internationaler Bestseller, ein Klassiker, der in viele Sprachen übersetzt wurde. Dieses Buch gab den Impuls, dass in den Regalen des Buchhandels ein eigener Reiter mit der Aufschrift »Kunde« hinzugefügt wurde. Vorher gab es nur einen Reiter für das Thema »Verkauf/Marketing«. Ich schreibe hier etwas ausführlicher über das Buch, um anderen Mut zu machen. Wer von seiner These überzeugt ist, sollte unbedingt versuchen, bis zum Ende durchzuhalten. Abgerechnet wird bekanntlich zum Schluss.

In der zweiten Hälfte der Neunzigerjahre identifizierte man zum ersten Mal den Kunden – genauer gesagt: die Kundenzufriedenheit – als wichtigste Erfolgsgröße. Vorher waren die Prioritäten anders gesetzt. Das Magazin *Stern* griff das Thema in einem Leitartikel auf und titulierte gewohnt provokant: »Servicewüste Deutschland«. Aus den USA schwappte der Megatrend Kundenorientierung nach Deutschland – drei Jahre nachdem ich mein Buch damals veröffentlicht hatte. Und tatsächlich: Namhafte Unternehmen wie Xerox konnten mit einer aufwendigen Studie nachweisen, dass es eine neue Werteskala gibt und dass Kundenzufriedenheit vor Profit geht. Oder noch genauer: Eine Erhöhung der Kundenzufriedenheit führt zu einer Erhöhung des Gewinns. Diese Erkenntnis galt damals als Sensation. Weicher Faktor »Kunde« schlägt harten Faktor »Gewinn«. Ich schwamm auf einer beispiellosen Erfolgswelle. Damals wurde ich sogar mit den Privatflugzeugen meiner Kunden eingeflogen und konnte bis zu 80.000 D-Mark für einen Vortrag verlangen. Heute haben sich die Wogen natürlich längst wieder geglättet, aber den Spaß von damals kann mir niemand mehr nehmen. Ich sollte ein Buch über meine Erlebnisse aus dieser Zeit schreiben.

Die Folgen dieser Erkenntnisse waren global. Weltweit entdeckten Unternehmen zum ersten Mal, wer ihre Kunden sind und was sie tatsächlich bewegt. Bisher ging es den Unternehmen um alles andere, nur nicht um den Kunden. IBM-Studien bestätigten, dass die Weltelite der Unternehmen den Kunden in der Folge in den Mittelpunkt stellte. »Der Kunde im Mittelpunkt«: eine Floskel, die heute in dieser oder ähnlicher Formulierung auf jeder Unternehmenswebseite zu finden ist. Damals war es ein echtes Novum. Es tat dem Ganzen auch keinen Abbruch, dass Xerox wenig später einen weiteren Erfolgsfaktor identifizierte: den Mitarbeiter. Xerox brachte diese beiden Erfolgsfaktoren in Korrelation: »Zufriedene Mitarbeiter schaffen zufriedene Kunden.« Und damit zufriedene Aktionäre, weil der dadurch entstehende Gewinn deutlich messbar war. Viele Unternehmen entdeckten den Kunden tatsächlich neu und wurden durch Kundenorientierung, Kundenzufriedenheit und Kundenfokus zu neuen Marktführern. Der Kunde hatte zum ersten Mal gesiegt. Heute wissen wir, dass er am Drücker geblieben ist. Es mag simpel und einfach klingen, aber allein die Fokussierung auf den Kunden kann Erfolge generieren, die vorher nicht für möglich gehalten wurden.

Das von mir entwickelte Clienting ist heute für viele Unternehmen die Basis ihrer Kundenbeziehungen. Den Namen hatte ich damals mit Bedacht gewählt. »Customer« ist ein anderes Wort für Kunde – mit dem feinen Unterschied, dass der nur etwas kauft. Und das vermutlich nur, weil er den besten Preis gesucht hat. Ob er wiederkommt, steht in den Sternen. Vielleicht beim nächsten Schnäppchen. Der »Client« hingegen ist ein Kunde, der nicht nur ein Produkt, sondern auch einen besonderen Service sucht. Jemand, der den Weg aus der Servicewüste finden möchte und zu diesem Zweck bereit ist, etwas mehr zu bezahlen. Jemand, der eine echte Beziehung zum Unternehmen sucht, weil er einfach keine Lust hat, seine wertvolle Zeit mit der Suche nach dem besten Preis zu verschwenden. Die Preisdifferenz zum günstigsten Angebot ist ihm der gute Service allemal wert. Wer erkannt hat, dass Kunden auch so ticken können, hat eine neues Gewinnfeld aufgetan.

KAPITEL 4
DAS ENDE DES INTERNETS

... und der Beginn einer neuen digitalen Ära

Als ich 2010 mein Buch *Das Einzige, was stört, ist der digitale Kunde* veröffentlichte, sprachen mich viele an, warum ich es nicht *Das Einzige, was stört, ist der Internetkunde* genannt hatte. Die Antwort ist einfach: Weil das Internet damals bereits eine Selbstverständlichkeit war, auch wenn niemand – oder eben nur die wenigsten – das so gesehen hat. Allerdings wussten damals schon alle, dass Digitalisierung selbst keine aktuelle Veranstaltung war, sondern ein Prozess, der an jedem Tag in der Zukunft stattfindet. 2010 war Apple mit seinem iPhone bereits drei Jahre auf dem Markt, aber niemand hatte damals verstanden, dass es alles grundlegend verändern würde. Keiner hätte damals gedacht, was heute für uns selbstverständlich ist: dass wir das Internet und die heutige digitale Welt gar nicht mehr wahrnehmen, weil es immer und überall ist. Wir leben heute in einer Zeit, in der das Internet so selbstverständlich zum Leben gehört wie ein Toaster oder eine Zahnbürste. Das Internet ist wie Strom. Es ist ständig da, aber wir denken gar nicht mehr darüber nach. Das Jetzt ist allerdings erst der Anfang, denn jetzt startet die zweite Halbzeit der digitalen Welt. Und die wird unendlich lang sein. Nachfolgend einige Beispiele, wie sich unser Leben, Arbeiten, Einkaufen und Verkaufen mittlerweile total verändert hat, auch wenn wir diesen Istzustand gar nicht mehr als Veränderung einstufen:

Früher haben wir um 20.00 Uhr den Fernseher eingeschaltet. Heute schauen wir Netflix, Amazon Prime, Disney+ und Apple TV. Und das rund um die Uhr. Wir entscheiden heute, wann wir gucken und was wir gucken. Wer heute 15 Jahre alt ist, hat keinen Bezug mehr zum Fernsehen und schaut lieber YouTube oder einen werbefreien Blockbuster bei einem Streamingdienst, wo er die Pausen selbst bestimmen kann.

Ein anderes Beispiel: Wer schon einmal in den USA war, hat schnell festgestellt, dass dort so ziemlich alles mit Kreditkarten bezahlt wird. Jetzt gibt es auch bei uns bereits seit einer ganzen Weile das nächste Level: Apple Pay. Zweimal klicken, Smartphone ans Terminal halten und ab ins Auto, während ein anderer Kunde an der Kasse nebenan noch seine Centstücke in die Hand der Kassiererin zählt. Aber auch in Deutschland sind irgendwann die Tage des von uns so innig geliebten Bargelds gezählt. Apple Pay funktioniert sogar, wenn das Handy in der Hosentasche bleibt: mit der Apple Watch, die immer mehr Funktionen bietet, die wir ihr am Anfang nicht zugetraut haben.

Wann haben Sie das letzte Mal ein Reisebüro von innen gesehen? Die neuen Reisebüros heißen Trivago und Skyscanner, um nur zwei Beispiele zu nennen. Reisen bucht man heute online. Warum? Weil ich keine Beratung mehr brauche. Alles, was ich über mein Reiseziel wissen muss und möchte, finde ich im Internet. Und der Preis ist dort auch deutlich besser. Zudem sind die Rücktritts- und Stornomöglichkeiten, die Online-Kunden gewährt werden, großzügiger. Mit welchem Argument kann mich ein klassisches Reisebüro heute noch ködern?

Ich könnte mir bestenfalls eine Online-Beratung per Videocall vorstellen. Die muss allerdings dann stattfinden, wenn ich Zeit dafür habe. Und das ist in aller Regel abends oder am Wochenende. Doch wie passt das in den Zeitplan und vor allem in das aktuelle Geschäftsmodell des Reisebüros?

Zur ersten Anlaufstelle unter den Wissensspeichern hat sich Wikipedia entwickelt. Es gibt kaum noch ein Schlagwort, für das diese Plattform keinen Artikel bereithält. Geben Sie dort ruhig einmal den Begriff »Brockhaus

Enzyklopädie« in die Suchleiste ein. Dort erfahren Sie, dass die letzte gedruckte Ausgabe stolze 70 Kilogramm wog und 2.820 Euro kostete, und das für relativ überschaubare 300.000 Stichwörter. Überschaubar schlicht und einfach deshalb, weil Wikipedia bereits 2019 5,8 Millionen Stichworte listete – allein in der englischsprachigen Ausgabe. Und das Beste: Das Gesamtwerk in allen Sprachen dieser Welt ist nicht schwerer als mein Handy. Und das alles – natürlich – völlig kostenlos. Und ebenso werbefrei. 9,2 Millionen Euro musste Jimmy Wales 2021 in Deutschland von den Spendern einsammeln. Das ist für eine solche Plattform nicht viel, hat aber wie jedes Jahr auch dieses Mal viele Wochen gedauert. Auf den ersten Blick könnte man sich die Frage stellen: Was ist diese Form von Wissen heute noch wert? Auf den zweiten Blick muss man dann aber erkennen, dass auch Wikipedia durchaus seine Tücken hat: Die meisten Autoren möchten anonym bleiben, weshalb Wikipedia keine Gewähr für die Richtigkeit und Vollständigkeit der Artikel bieten kann. Jeder Surfer konnte einst einen beliebigen Artikel editieren und damit natürlich auch fälschen. Zwar werden Änderungen heute von Moderatoren gesichtet – doch niemand weiß, inwieweit sie Angaben auf Wahrheit überprüfen, denn die Flut an Änderungen ist enorm. So mancher selbsternannte Experte hat schon einen PR-Artikel über sich selbst beauftragt, in dem er sich weit über den Klee loben lässt. Wikipedia ist also auch ein kleines bisschen Opfer der eigenen Glaubwürdigkeit.

Als Düsseldorfer bin ich mit dem Einkaufsbummel auf der Einkaufsmeile Kö groß geworden. Aber trotz des jahrelang erfahrenen Flairs hat sich mein Einkaufsverhalten in relativ kurzer Zeit radikal geändert. Auch ich bestelle mittlerweile praktisch alles, was ich brauche, bei Amazon. Ganz besonders viel am Black Friday. Warum? Weil ich keinen Parkplatz suchen muss, geschweige denn bezahlen. Ist das Service, wenn mein Parkticket an der Kasse abgeknipst wird, wodurch sich meine Parkkosten um 1 von 10 Euro reduzieren? Einkaufstaschen muss ich im Regen selbst zum Parkhaus schleppen. Amazon schickt mir alles nach Hause, ohne dass ich nass werde. Und zum Umtauschen muss ich auch nicht zurück in die Stadt fahren.

Wenn Sie eine Idee haben, wie das noch einfacher und besser geht, dann erzählen Sie mir davon.

Kleine Anekdote am Rande: »Think big«, der Schlachtruf der digitalen Riesen, ist in den Augen der meisten immer noch der kleine Bruder des Größenwahns. Bei YouTube existiert ein Video aus dem Jahr 2000, in dem Jeff Bezos seinen Traum von einem Weltraumtrip beschreibt: »Möglicherweise wird sich dieser Traum aber erst in 20 Jahren erfüllen, wenn die Technologie es ermöglicht. Ehrlich gesagt haben wir diesbezüglich seit der Apollo-Mission keine echten Fortschritte mehr erzielen können.« In diesem Video wird er als Spinner ausgelacht. Heute lachen andere, und zwar diejenigen, die erkannt haben, mit welchen Siebenmeilenstiefeln die Digitalisierung die Welt erobert. Bezos hat seinen Zweiflern und Kritikern im Juli 2021 aus dem Orbit freundlich zugewunken. Und Google? Vor etwa zehn Jahren haben dort ein paar verrückte Größenwahnsinnige über selbstfahrende Autos nachgedacht – heute bietet bereits ein Serien-Golf autonomes Fahren der Stufe 2. Ob die traditionellen Automobilhersteller das autonome Fahren ohne Druck von außen überhaupt in Angriff genommen hätten, bleibt für immer ein Geheimnis.

Ein großes Betätigungsfeld der digitalen Veränderung ist die Finanzbranche. Überall im Land schließen die Banken und Sparkassen immer mehr Filialen. Die Kreditabteilungen der Banken lichten sich auch immer mehr, weil sich mittlerweile interessante Alternativen durch Online-Kreditangebote entwickelt haben. Im Übrigen gibt es eine Studie, die bestätigt, dass bis zum Jahre 2030 von den heutigen 1.950 Banken in Deutschland nur noch etwa 150 bis 200 überleben werden. Und weil die FinTech-Branche ebenso experimentierfreudig wie erfindungsreich ist, gibt es sogar schon unzählige Alternativen für Geld, wie wir es kennen. Kryptowährungen sind auf dem Vormarsch, allen voran der Bitcoin, der nur auf vernetzten Rechnern und in sogenannten Wallets auf dem Handy existiert. Aber auch eine Kryptowährung kommt selten allein: Es gibt immerhin 12.000 Konkurrenten, die dem aktuellen Branchenprimus Bitcoin gern den Rang ablaufen würden. Und täglich gibt es neue Entwürfe. Warum? Weil ein Zufall das eigene Projekt an die Spitze katapultieren könnte. Beim Gründen eines Unternehmens oder eines Start-ups oder der Entwicklung einer Kryptowährung kommt es wie immer im Leben in erster Linie darauf an, dass man überhaupt anfängt. Dass man den Mut aufbringt, sein persönliches Umfeld zu ignorieren, das einem Risikobereitschaft ausreden und Kompetenzlosigkeit einreden möchte. Was Gründungen angeht, stehen wir laut Global Entrepreneurship Monitor 2020/2021 auf Platz 41 von 43. Das ist schlecht für die Wirtschaft, aber gut für Gründer, denn die Wahrscheinlichkeit, dass jemand ein ähnliches Produkt hierzulande früher auf den Markt bringt, ist deutlich niedriger als anderswo.

Die nächste große Spielwiese der Wirtschaft ist unser Zugpferd: die Automobilindustrie. Tesla zeigt uns, wie Mobilität künftig funktioniert. Wer bisher von einem Sportwagen träumte, meinte Porsche oder Ferrari. Ein exotischer Bugatti Chiron war das obere Ende der Fahnenstange im Bereich Supersportler, für den allerdings rund 2,8 Millionen Euro fällig sind. Der Tesla Roadster toppt sie alle: Er braucht den Wimpernschlag von 2,1 Sekunden auf Tempo 100 und schlägt damit jedes Serienmotorrad. Und natürlich jeden Porsche, Ferrari und Bugatti. Das alles zum Preis von deutlich brieftaschenfreundlicheren 180.000 Euro. Eine Reichweite von 1.000 Kilometern – unternehmenstypisch rein elektrisch – zeigt unseren Traditionsherstellern, wie sich echter Fortschritt in Zahlen ausdrücken lässt. In Kalifornien fahren Teslas bereits autonom auf Stufe 5. Es ist nur eine Frage der Zeit, wann sie das auch auf unseren Straßen tun.

Doch Autofahren ist auch nicht mehr das, was es mal war. Früher stand ein eigenes Auto ganz oben auf unser aller Wunschliste. Doch selbst das hat sich mittlerweile geändert. Der Wunsch nach Mobilität hat den nach einem Auto abgelöst. Das ist doch dasselbe, werden viele jetzt rufen. Aber Mobilität funktioniert heute auch ohne eigenes Auto. Und das sogar auf vielfältige Weise. Leasing ist einer von vielen Trends, und Carsharing ist gerade in Großstädten ein beliebtes Mobilitätskonzept. Dazu kommen E-Roller und

Uber. Die Vielfalt an Ideen für neue Mobilitätskonzepte findet kein Ende, solange kreative Köpfe bereit sind, die Welt auf Rädern zu verändern.

Digitalisierung verändert uns immer mehr. Immer mehr neue Spieler treten auf den Plan. Während einer Strategieberatung für einen Versicherungskonzern führten wir eine intensive Diskussion mit dem Produktmanager. Für ihn stand die Entwicklung eines Produktes für seine Kunden im Vordergrund. Der Hinweis, mit den Augen des Kunden zu schauen, um Ansätze zu finden, die es noch nicht gibt, wurde von ihm als Nebensache abgetan. Dann wies allerdings sein Verkaufsleiter darauf hin, dass Amazon in London für viele Millionen Pfund 120 Versicherungsexperten von anderen Versicherungen abgeworben hatte – mit der offensichtlichen Absicht, zukünftig auch Versicherungsprodukte anzubieten, die mit einem Klick gekauft und bezahlt werden können. Von der Hausratversicherung über die Haftpflichtversicherung bis zur Vollkaskoversicherung bietet sich Amazon damit ein neues milliardenschweres Geschäftsfeld. Wenn man dann noch neue Ideen einfließen lässt, die sich am Kundennutzen orientieren, wird es richtig interessant. Als ich 2018 das Silicon Valley besuchte, suchte Amazon gerade eine Stadt für 50.000 weitere Mitarbeiter. Amerikanische Städte durften sich bewerben, wenn sie sicherstellen konnten, dass sie Amazons Anforderungen entsprechen. Auch hier wurden die Spielregeln auf den Kopf gestellt. Trotzdem stehen wir gerade erst am Anfang der Digitalisierung, die jedes klassische Geschäftsmodell zuerst einmal infrage stellt. Deshalb ist jedes Unternehmen aufgefordert, Digitalisierung ganz oben auf die Prioritätenliste zu setzen. Das gilt auch für eher handwerkliche Berufe wie Friseure oder Kieferorthopäden. Hier haben wir Beispiele in unserem eigenen Kundenkreis, die ich später noch näher beleuchten werde.

Digitalisierung ist so betrachtet für nahezu jedes Unternehmen zu einer Überlebensfrage, aber auch zu einer Wachstumsperspektive geworden. Der erste Touchpoint eines jeden Unternehmens, die Webseite, genießt leider immer noch nicht die Aufmerksamkeit, die sie verdient. Google straft bekanntlich den Webseitenbetreiber ab, wenn Besucher innerhalb von drei

Sekunden wieder abspringen. Dabei ist es Google völlig egal, ob das aus Desinteresse geschieht oder weil es an der Tür geklingelt hat. Wir müssen im Online-Geschäft nach den Spielregeln der Suchmaschine spielen. Und wir müssen online und offline den Kunden im Auge behalten.

Das Münchener Unternehmen afb Application Services AG hat sich als Softwareentwickler auf Customer Onboarding spezialisiert und Prozesse entwickelt, die aus Interessenten zufriedene Kunden machen. Ziel dieser Maßnahmen sind Wiederholungskäufe, Empfehlungen und eine langfristige Bindung ans Unternehmen. Ihr Kunde ist gewonnen, wenn es Ihnen gelingt, ihm den Wert Ihres Produkts zu vermitteln. Wenn ein Kunde Ihr Produkt kauft und aktiviert, möchte er es problemlos nutzen können. Wenn das gelingt, hat sich der Onboarding-Prozess positiv gestaltet und die Weichen für die zukünftige Beziehung sind gestellt. Digitale Transformation orientiert sich leider immer noch an den Vorgaben der IT-Abteilung, nicht an den Interessen der Kunden. Diesen Spagat möchte afb mit seinen Dienstleistungen meistern und Kundenkontakte auf der Webseite und an anderen Touchpoints in Abschlüsse verwandeln. Spezialisten sprechen hier von einer Konvertierung. Einfach ausgedrückt: Anhand der Konvertierungsrate können Sie einschätzen, wie hoch die Wahrscheinlichkeit ist, höhere Umsätze zu erzielen.

Digitalisierung generiert neue Geschäftsideen, wie man mit dem Kunden unter Servicegesichtspunkten ganz anders umgehen kann. Ich selbst hatte neulich ein negatives Erlebnis mit einem Kreditkartenunternehmen. Eigentlich wollte ich nur eine Zusatzkarte bestellen, musste aber in diesem an sich einfachen und alltäglichen Prozess mehrere negative Erfahrungen sammeln. Als Kirsche auf der Sahne gab es dann noch eine Mail mit der Bitte, auf einer Skala von 1 bis 10 meine Kundenzufriedenheit anzugeben. Außerdem wollte man noch wissen, mit welcher Wahrscheinlichkeit ich das Unternehmen weiterempfehlen würde. Sie ahnen, wie die Geschichte ausgegangen ist.

Vom Kunden zum König

Wenn wir auf die Anfänge der Digitalisierung zurückblicken, müssen wir feststellen, dass die digitale Landschaft hierzulande außer SAP kaum nennenswerte Player aufbieten konnte. Zu sehr waren wir in unserer industriellen Welt verhaftet. Wir waren zu Recht stolz darauf, dass das Label »Made in Germany« das höchste Ansehen genoss. Produkte mit diesem Label wurden uns fast schon aus den Händen gerissen. Dabei war das Ziel des Labels einst ein völlig anderes. Die Briten hatten es im 19. Jahrhundert erfunden, um auf der Insel eingeführte deutsche Produkte zu brandmarken und ihnen schlechte Qualität anzudichten. Aber der Kunde war damals schon kritisch und hat selbst geprüft – und die hervorragend verarbeiteten Produkte schätzen gelernt. Wir haben uns deshalb irgendwann auf die Herstellung hochwertiger Produkte und Maschinen spezialisiert. Jetzt findet gerade der nächste große Wandel statt, denn wir verlassen gerade die Industriegesellschaft jeden Tag ein kleines Stückchen mehr und ziehen über die digitale Welt hinein in die Knowledge Economy.

Das digitale Jetzt funktioniert genauso. Was Apple an Qualität liefert, ist einzigartig. Nicht nur die Kernprodukte iPhone, iPad, Mac und Apple Watch sind erstklassig, auch das Drumherum wie Zubehör und Services ist hochwertig und vor allem bis ins letzte Detail durchdacht. Die Passgenauigkeit der iPhone-Hüllen, die Verarbeitung der Uhrenbänder, die Funktionalität der AirPods – nichts wird dem Zufall oder der Reklamationsabteilung überlassen. Auch Amazon weiß, wie Kunden glücklich gemacht werden. Man hat sich dort schon früh auf seine Fahne geschrieben, das kundenfreundlichste Unternehmen der Welt werden zu wollen. 1-Klick-Kauf, E-Books sofort auf dem Kindle, Next Day und bald schon Same Day Delivery: Dienstleistungen, von denen wir in analogen Zeiten nicht einmal zu träumen wagten, sind heute schon Realität. Doch es kommt noch besser: Als Prime-Kunde habe ich freien Zugriff auf unzählige Musik- und Filmtitel. In Topqualität. Und während ich mich frage: »Was will ich mehr?«, sitzen in Seattle bestimmt Customer Experts in einem Hinterzimmer, um sich neue Benefits auszudenken, die mir und Millionen anderen Kunden gefallen könnten.

Mir wurde oft die Frage gestellt, was ich unter Digitalisierung verstehe. Meine Antwort lautete immer: »Wenn Sie mit Digitalisierung einem Kunden Nutzen stiften können, der vorher nicht möglich gewesen ist, haben Sie die Chancen der Digitalisierung ideal genutzt.« Mit dieser Definition lassen sich viele Anbieter der digitalen Ära bestens erklären. Die großen Plattformen sind allein schon wegen ihrer Größe beeindruckend, aber nicht weniger spannend ist das, was außerhalb des Silicon Valley erdacht wird oder weitergedacht wird. Ein Beispiel für Weiterentwicklung ist die App moovel, entwickelt von einer Tochtergesellschaft der Daimler AG. In einer einzigen App ist alles zu finden, was dem Kunden Mobilität ermöglicht: Carsharing (car2go, ein Joint Venture der Automobilhersteller BMW und Daimler), Deutsche Bahn, ÖPNV, Taxi (myTaxi), Leihfahrrad. Alles wird per Klick gesucht, gebucht und bezahlt. Man gibt sein Fahrziel ein und erhält Vorschläge, wie man zu welchem Preis in welcher Zeit dorthin kommt. Für die Umsetzung dieser Idee gab es zu Recht den Deutschen Mobilitätspreis.

Auch kleine Ideen können begeistern. Was erwarten Sie von einer Handyhülle? Eigentlich doch immer nur drei Dinge: Sie muss exakt passen, gut schützen und natürlich gefallen. Ein Dreisatz, der längst nicht allen Hüllen am Markt gelingt. Der Hersteller Nomad (nomadgoods.com) hat für das iPhone 13 das Leistungsspektrum erweitert und bietet in Kooperation mit Popl aus Los Angeles eine »Digital Business Card«. Dabei handelt es sich um einen in die Hülle integrierten NFC-Chip, der mit der Popl-App auf dem Smartphone kommunizieren kann. Sie können beispielsweise einen Mobile-Payment-Service verknüpfen und so kontaktlos am Terminal bezahlen; Sie können das Handy in die Nähe eines anderen bringen und dem Besitzer einen Link zu Ihrer Webseite, zu Ihrem Social-Media-Profil oder einfach nur Ihre Handynummer zur Verfügung stellen. Sie können auf diesem Weg sogar eine Spotify-Playlist teilen. Clevere Idee!

Die Clienting-Strategie stellt als wesentliches Element die Beziehung zum Kunden in den Mittelpunkt. Insofern könnte man die Strategie auch als eine Beziehungslehre bezeichnen. Das Thema »Beziehung« wird in der zweiten Halbzeit der Digitalisierung eine noch wichtigere Rolle spielen. Ich plädiere seit Langem dafür, einen sogenannten Beziehungsindex für Unternehmen einzuführen. Dabei wird auf einer Skala von 0 bis 100 Prozent bewertet, welche Qualität die jeweilige Beziehung besitzt. Ist die Beziehungsqualität oder der Beziehungsindex im unteren Skalenbereich, ist das Unternehmen in Zukunft hoch gefährdet. Viel zu viele Wettbewerber warten darauf, mit neuen Ideen und Plattformen anzugreifen und Marktanteile abzugreifen. Um Missverständnissen vorzubeugen: Ich meine hier nicht den Kundenzufriedenheitsindex. Den stufe ich im Übrigen als höchst gefährlich ein. Ein zufriedener Kunde berichtet immer nur über das, was er aus der Vergangenheit bereits kennt. Steve Jobs wäre niemals auf die Idee gekommen, eine Kundenzufriedenheitsstudie durchzuführen. Weil er genau wusste, wie Kunden denken. Weil er wusste, dass Antworten auch gegeben werden, wenn die Fragen gar nicht verstanden wurden. Hätte ich Sie vor 20 Jahren gefragt, ob Sie auf einem kleinen Bildschirm in der Hosentasche Kinofilme schauen möchten, hätten Sie wahrscheinlich Nein gesagt. Hätte ich Sie gefragt, welche Summe Sie mir monatlich überweisen würden, wenn ich Ihnen lebenslang Zugriff auf 60 Millionen Songs gewähre, hätten Sie weder »nichts« noch »9,99 D-Mark« geantwortet. Was heute selbstverständlich ist, war einst undenkbar und unvorstellbar.

Digitalisierung war der Anfang. Sie ist allerdings nur der Steigbügel für die Unternehmen, die die nächste Stufe erreichen möchten. Die Knowledge Economy ist diese nächste Stufe, und sie kann nur funktionieren, weil die Digitalisierung ihr den idealen Boden bereitet hat. Blicken Sie nicht zurück auf das, was die Digitalisierung erschaffen hat, sondern auf das, was noch möglich ist. Und das wird eine ganze Menge sein. Wir konnten uns vor 30 Jahren unsere jetzige Welt nicht vorstellen, und genau dasselbe werden wir in 30 Jahren garantiert wieder sagen. Die Karten des Erfolgs werden neu gemischt. Und jeder muss sich fragen, ob er sie selbst mischen möchte oder die aufnimmt, die einem gegeben werden.

KAPITEL 5
DIE SILICON-VALLEY-STRATEGIE

... und wie ein kleines Tal den Rest der Welt erobert hat

Silicon Valley. Das ist Mythos und Machtzentrum zugleich. Von hier aus startet die Technologiebranche jeden Tag aufs Neue Angriffe auf das Wirtschaftsestablishment, und keine Branche bleibt verschont. Es wird Zeit, sich zu wehren.

Ein kleines Tal in Kalifornien bringt dem Rest der Welt das neue Einmaleins der Wirtschaft bei. Und das bereits seit den Kindheitstagen des Internets. Doch erst die letzten zehn Jahre haben gezeigt, wozu die geballten Kräfte der Informationstechnologie tatsächlich fähig sind: Sie verändern die Welt nach ihren eigenen Spielregeln, und sie verändern nicht nur die Businesswelt, sondern insbesondere die Welt eines jeden Einzelnen. Zuerst lehrten die Flip-Flop-Träger den Anzügen der Wall Street das Fürchten: Westküste gegen Ostküste hieß es bereits vor vielen Jahren. Heute weiß längst auch der Rest der Welt, dass eine App mehr Begehrlichkeiten bei Kunden wecken kann als eine über Jahrhunderte etablierte Dienstleistung. Die Macht der Finanzwelt bröckelt dabei genauso schnell wie die Aktienkurse alteingesessener Medienunternehmen.

Doch mit Macht verhält es sich so wie mit Geld: Sie geht nicht verloren. Sie gehört nur jemand anderem. Existenzängste gab es schon immer, doch sie greifen heute immer mehr um sich: Amazon erfand den Büchermarkt neu und ließ Buchhändler auf der ganzen Welt verzweifeln – und anschließend hat dasselbe Unternehmen die ganze Welt der Kaufhäuser und Einzelhändler ins Visier genommen; die Taxifahrer auf allen Erdteilen wehren sich mit Händen und Füßen gegen die Programmierkünstler von Uber; und Airbnb zeigt nicht nur der Generation Y, wie man das Wort Ferienwohnung völlig neu definiert. Und wie Apples Servicefachkraft »Siri« das Urgestein Fernsehen mit Netflix-ähnlichen Produkten noch älter aussehen lässt, konnten wir auf der letzten Apple Keynote bereits erahnen. Den Untergang des Fernsehens, wie wir es kennen, wird uns YouTube in ein paar Jahren nur noch im Zeitraffer präsentieren können. Wie sieht aktuell die Gegenwehr aus? Die meisten halten die Hände vor die Augen und ducken sich in der Hoffnung, dass ihre Urzeit-Branche nicht ins Visier der kalifornischen App-Programmierer rückt. Sie hoffen, dass kein Risikokapitalgeber das Potenzial eines 20-Jährigen mit verrückt klingenden Ideen erkennt und ihn mit mehrstelligen Millionenbeträgen füttert. Das Prinzip Hoffnung war allerdings schon immer ein schwaches Schwert, denn in der modernen Wirtschaftswelt ist Hoffnung ein Synonym für Passivität. Oder man tut das, was viele Großunternehmen und Wirtschaftsjournalisten seit Jahren machen: Man entsendet Delegationen von kompetenten Fachkräften nach San Francisco mit dem unmöglichen Auftrag, den Geist des Silicon Valley zu inhalieren und das Geheimnis der neuen Generation zu lüften. Mehr schlecht als recht wird dann versucht, das vermeintliche Erfolgsprinzip mit hauseigenen Mitteln zu kopieren. Der große Fehler ist offensichtlich: Man möchte auf einen Zug aufspringen, den man selbst nicht lenken kann. Mit an Bord: die Hoffnung, dass man von denen, die Richtung und Tempo bestimmen, geduldet wird.

Ein Beispiel soll die Hilflosigkeit auf unserer Seite verdeutlichen: Volkswagen beschäftigt 600.000 Mitarbeiter; mit der Daimler AG und den anderen großen deutschen Automobilherstellern bringen wir es auf über eine

Million. Zählt man jetzt noch die internationale Garde der Automobilkonzerne wie General Motors, Fiat, Ford, PSA und Toyota hinzu, tummeln sich weit über drei Millionen kompetente Mitarbeiter in der Branche, die seit Erfindung des Automobils im vorletzten Jahrhundert ständig wächst. Doch welches Unternehmen gilt heute als das innovativste in der automobilen Welt? Es ist ein unscheinbarer Zwerg: Tesla Motors, 2003 gegründet und mit nur 70.000 Mitarbeitern extrem beweglich. Alle großen Automobilhersteller nutzen heute das Know-how eines Unternehmens, das Ingenieurskunst völlig neu definiert, denn es ist das erste Unternehmen der Branche, das sich zum Ziel gesetzt hat, Solarenergie und Emissionsfreiheit nicht nur technisch umzusetzen, sondern diese Technologie auch für den Durchschnittskonsumenten erschwinglich zu machen. Dieser kleine Unterschied ist es, der von Kunden auf Dauer belohnt wird, rückt es doch ihn selbst in den Mittelpunkt unternehmerischer Aktivitäten.

Und genau das ist des Pudels Kern in der Businesswelt: Produkte und Dienstleistungen zu entwickeln, die Menschen wirklich benötigen und die sie sich auch wirklich leisten können. Produkte, die auch tatsächlich funktionieren und dadurch Interessenten erst zu Kunden machen. Produkte, die jeder braucht, selbst wenn man noch gar nicht weiß, dass es diese Produkte gibt. Etwas, was man nicht herbeisehnt, weil man bisher ja eigentlich auch gut auskam, ohne es zu besitzen. Produkte, die man aber aus dem Regal reißt, weil man sie haben will, sobald man ihren Nutzen erkannt hat. Kommt Ihnen das bekannt vor? Auch in Deutschland hat die Generation Y – Macher, die erkannt haben, was der Markt vielleicht brauchen könnte – Produkte entwickelt, die neue Märkte überhaupt erst entstehen ließen. Und das in einer Zeit, als sich die meisten ängstlich fragten, wie es denn überhaupt weitergehen soll. Was auf Unternehmerseite nach dem Zweiten Weltkrieg in Deutschland und Europa entstanden ist, verdient noch heute Respekt, denn es hat vieles, was jetzt aus dem Silicon Valley zu uns herüberschwappt, erst möglich gemacht. Doch die heutige Generation hat noch nicht verstanden, dass nur Weiterentwicklung die Wirtschaft am Leben erhält – und gleichzeitig neues Leben schafft. Stattdessen sind wir ein Land von Vermögensverwaltern geworden, die an der Börse das über Jahrzehnte erschaffene Vermögen zu vermehren suchen. Doch der Niedergang ganzer Sparten ist vorprogrammiert – im wahrsten Sinne des Wortes. Lehman Brothers war 2008 ein Warnzeichen – allerdings eines, das bereits vergessen wurde. Es folgte eine Zeit, in der Banken sich nicht mehr gegenseitig vertrauten, und die Auswirkungen dieses Desasters beeinflussen noch heute die Finanzmärkte.

Es wird Zeit umzudenken. Wir müssen uns vor Augen halten, wie viele der vorgenannten Unternehmen Wissen bereits heute als zentralen Rohstoff einsetzen. Wir müssen in die Zukunft investieren, und dazu muss sich erst einmal das Bankensystem neu erfinden, denn eine Investitionsbereitschaft, wie sie die Venture Capitalists der Westküste zelebrieren, ist Voraussetzung für Wachstum. Allerdings kann niemand von einem klassischen Banker am Point of Sale erwarten, dass er hohe Beträge in Dinge investiert, von denen er nicht den Hauch einer Ahnung hat. Angeborene Zurückhaltung lässt sich nur überwinden, wenn Banken Berater einstellen, die mit der Materie vertraut sind, sie neutral bewerten und dann im Sinne von Gründer und Bank eine Empfehlung aussprechen – und am Ende auf Erfolgsbasis entlohnt werden. Oder wenn die Rücklagen der großen Kapitalgesellschaften für Risikoinvestitionen genutzt werden.

Es gibt viele Möglichkeiten, Antworten auf das Silicon Valley zu geben. Wer diese Möglichkeiten zuerst erkennt und nutzt, wird am Ende zu den wenigen Gewinnern gehören. In meinen Augen sollte es bei alldem nicht darum gehen, zu versuchen, das Silicon Valley zu kopieren. Schließlich ist es aus dem Freigeist und der Mentalität einer völlig anderen Kultur entstanden. Wir hingegen sind seit jeher Weltmeister im analytischen Aufgreifen von Ideen, denn wir haben schon immer gewusst, dass Ideen allein nicht ausreichen. Die Umsetzung einer Idee ist es doch erst, die Bälle ins Rollen bringt. Computer zum Beispiel: Die gab es bereits lange vor Steve Jobs, Bill Gates und Michael Dell, doch welche Namen aus der Pionierzeit – außer diesen dreien – fallen einem heute noch ein? Lange bevor Thomas Alva Edison die Glühbirne mit einem Klick zum Erleuchten brachte, hatten bereits zahlreiche Tüftler funktionierende Prototypen entwickelt. Doch Edison war der Erste, der die Häuser auch mit der notwendigen Infrastruktur, sprich: Stromleitungen, versorgte. Erst damit war der Erfolgsweg für die Elektrizität geebnet. Und der Name Edison ist folglich der einzige aus der Welt der Glühbirnen, der nicht vergessen wurde. Und genauso ist es noch heute: Man muss nicht nur Technologien, sondern auch Plattformen bereitstellen. Erst dann wird diese Technologie auch nutzbar. Am Ende sind es die Plattformen, die das große Geld machen und immer mehr Arbeitsplätze schaffen. Das sind längst alles wissensbasierte Unternehmen. Siehe eBay. Siehe Facebook. Siehe Amazon.

Doch bei aller Angst und Euphorie gilt: Auch im Silicon Valley ist nicht alles Gold, was glänzt. Über viele Jahre zusammengetragene Zahlen belegen es: Von zehn bahnbrechenden Ideen, die mit den Millionen der Risikokapitalgeber gefüttert werden, verhungern am Ende neun. Ideen und Menschen können scheitern, hüben und drüben. Der Unterschied des Erfolgs liegt in der Reaktion: Wer hierzulande scheitert, liegt für immer am Boden. Auf den Verlierer sind 1.000 Zeigefinger gerichtet, die bereits vorher wussten, dass die Idee überhaupt nicht funktionieren kann. Im Silicon Valley hingegen genießt der Verlierer den Respekt derer, die wissen, dass allein der Versuch bereits das war, was die 1.000 Zeigefinger sich nie getraut hätten. Und die Risikokapitalgeber, die ihr Geld verloren haben, dürsten bereits nach der nächsten Idee des Gescheiterten, die vielleicht eines Tages den ganz großen Wurf verspricht. Die nächste Suchmaschine. Die nächste Dropbox. Oder das Gerät, das aus Smartphones und ebenso smarten Watches Geschichte machen wird. Der Kunde von heute, der digitale Kunde, hat gar nicht so viel mehr Kaufkraft als der analoge Kunde der Nachkriegszeit. Es ist das Internet, das Absatzmärkte vergrößert und dadurch Umsätze vervielfacht. Warum soll ich 1.000 Leuten jeweils etwas für 10.000 Euro verkaufen, wenn ich 100 Millionen Menschen ohne eigene und somit kostenaufwendige Vertriebsstruktur etwas für 2,99 Euro verkaufen kann – und meinen Gewinn auf diesem Weg vervielfache? Digitale Chancen nicht nur erkennen, sondern auch im richtigen Moment ergreifen: Genau darum geht es heute. Unzählige Videoplattformen haben einst um Kunden gebuhlt. Bis ein Neuling namens YouTube die Bühne betrat und im richtigen Moment mit der richtigen Videotechnologie die Massen – sprich: die Kunden – überzeugte. Verstehen Sie diese Entwicklung auch als einen Aufruf, mutig zu sein und die Regeln zu brechen.

Aussicht auf Erfolg

Welche Überlebenschancen hat die deutsche Automobilindustrie? Die Aussichten sind düster, wenn man sich vor Augen hält, dass jedes chinesische Unternehmen, das ein Auto zusammenbauen kann, zum echten Konkurrenten für deutsche Automobilhersteller werden kann. In über 140 Jahren angehäuftes Know-how ist kein entscheidender Erfolgsfaktor mehr, denn das wirklich wertvolle Know-how steckt im Motorenbau, der mit dem E-Auto obsolet wird. Geniale Entwicklungen wie Otto-, Wankel- und Boxermotor sind für immer Geschichte. Es geht den Kunden heute im Wesentlichen nur noch um Karosseriedesign. Alles andere wird von Zulieferern zur Verfügung gestellt. Und ob diese Teile nach Wolfsburg oder Wuhan geliefert werden, spielt künftig keine entscheidende Rolle mehr.

Aus eigener Kraft können die Traditionsbetriebe in ihrer Gesamtheit nicht überleben. Aber es gibt einen Hoffnungsschimmer: das Scheitern der anderen. Elon Musk zum Beispiel baut nur Elektroautos, um seine große SpaceX-Vision zu finanzieren. Diese Vision hat nur ein Ziel: die Kolonialisierung des Mars. Ich liebe Visionen und ich liebe Menschen, die in großen Maßstäben denken. Aber in diesem Fall bin ich skeptisch, um nicht zu sagen: Ich bin raus. Denn ich habe gelernt, dass die blauen Planeten die Guten sind. Die blauen, nicht die roten. Auf dem Mars gibt es kein Wasser. Ich könnte jetzt sagen, dann trinke ich eben ein Düsseldorfer Alt. Aber es kommt noch schlimmer, denn auf dem Mars herrscht eine Durchschnittstemperatur von rund minus 70 Grad Celsius. Mir geht es auch um Prioritäten: Wie können wir uns das Wasserproblem auf dem Mars aufs Reißbrett packen, wenn wir noch nicht einmal eine Lösung für den Wassermangel auf der Erde gefunden haben? Wasser ist bei uns im Überfluss vorhanden, nur leider nicht in Form von sauberem Trinkwasser.

Die nächste Chance der deutschen Automobilindustrie sehe ich im möglichen Scheitern des Konzepts »autonomes Fahren«. Ingenieure und Programmierer arbeiten bereits am autonomen Fahren der Stufe 5. Ja, es funktioniert bereits heute. Und ja, das ist eine fantastische Leistung. Abgesehen davon, dass das ursprüngliche Ziel der Marktreife 2030 wohl ein frommer Wunschtraum bleiben wird, bin ich skeptisch, was die Umsetzung betrifft. Es klingt in meinen Ohren einfach zu fantastisch, denn es klingt nach echter Science-Fiction: Ich rufe per App ein selbstfahrendes Auto, das mich zum programmierten Ziel bringt. Es funktioniert im Grunde genommen wie Uber ohne Fahrer: Das Auto fährt sich selbst zum nächsten Kunden, zum Parkplatz, zur Ladestation oder in die Werkstatt. Und irgendwann sogar in die Schrottpresse, wenn ich mir diesen Seitenhieb erlauben darf. Und weil die Fahrzeuge der Zukunft immer unterwegs sind und nicht mehr wie heute über 23 Stunden am Tag nur Stehzeuge sind, benötigen wir laut Mathematikprofessor Dr. Gunter Dueck, ehemals IBM, nur rund ein Siebtel an Fahrzeugen. Das zieht traumhafte Veränderungen nach sich: endlich keine zugeparkten Straßen mehr; teure Garagen und Carports sind obsolet und schaffen Raum für neue Ideen; die meisten Parkhäuser weichen Grünflächen in dann deutlich entspannteren, weil abgasfreien Innenstädten. Das klingt fantastisch und mag mathematisch korrekt sein, aber die Praxis schlägt natürlich auch hier die Theorie. Denn ein so komplexes Verkehrssystem, das über mehr als 100 Jahre gewachsen ist, lässt sich nicht so einfach austauschen. Genau das ist schließlich der große Plan, denn wenn selbstfahrende Autos auf den Straßen fahren, dürfen keine anderen Autos mehr unterwegs sein, die von Menschen gesteuert werden. Selbstfahrende Autos sind untereinander vernetzt – übrigens eine extrem große Herausforderung an die digitale Infrastruktur, über die sich noch niemand Gedanken gemacht hat –, und da sind herkömmliche Autos einfach nur noch störende Fremdkörper. Am Tag X müssten also genug Roboterfahrzeuge bereitstehen. Aber was geschieht mit den alten Autos? Enteignung? Entschädigung? Wer finanziert das? Und was erzählen wir dem Rentner, der sich endlich nach 40 Jahren harter Arbeit seinen Lebenstraum erfüllen kann und sich einen Porsche oder ein schickes Cabrio gönnt? Und auf wie viele Siebtel können wir tatsächlich verzichten, wenn morgens alle Menschen zur gleichen Zeit wie bisher zur Arbeit, zur Schule oder in den Kindergarten fahren? Fortschritt bedeutet, Prozesse einfacher zu gestalten. Heute muss man für das Autofahren einen Führerschein vorweisen können, auf den man beim autonomen Fahren ebenso verzichten kann wie auf die Fahrschulen. Das bedeutet in der Folge: Jedes Kind, jeder Blinde und alle Behinderten, die sich kein behindertengerechtes Auto leisten können, all diese Menschen können Mobilität endlich uneingeschränkt nutzen. Das wäre großartig, denn das wäre echter Fortschritt, der sich an tatsächlichen Bedürfnissen von Menschen orientiert und neue, nie für möglich gehaltene Freiheiten ermöglicht. Wenn Eltern ihre Kinder nicht mehr zum Sport oder zum Klavierunterricht fahren müssen, sinken jede Menge Stresslevel. Brauchen wir dann nicht sogar mehr Autos als bisher?

Die nächsten Fragen, die man sich bereits beim Thema E-Mobilität stellen muss, lauten: Werden Klimaziele überhaupt erreicht, wenn maximal 20 Industrienationen sauber(er) fahren? Und wie funktioniert eigentlich Fahren über Grenzen hinaus, wenn ein Land autonom fährt, das Nachbarland hingegen klassisch? Und dann diese ständige Ethikfrage, auf die sich die kritischen Medien seit Beginn der Diskussion versteifen: Wenn ein Mensch ein klassisches Auto steuert und einem spielenden Kind auf der Straße ausweichen muss, wird er in einem Sekundenbruchteil nicht entscheiden können, ob er nach links ausweicht, wo zwei andere Kinder stehen, oder nach rechts, wo ein Google-Ingenieur aufs Handy starrt. Doch weil 200 Millionen Berechnungen pro Sekunde für einen Computer ein Leichtes sind, soll er das gefälligst auch tun und eine solche Entscheidung berechnen und dann treffen. Wie programmiert man so etwas? Erhält der Computer dann sogar Einblick in die Krankenakte des Google-Ingenieurs, um seine restliche Lebenserwartung kalkulieren zu können? Sprich: Lohnt sich seine Rettung überhaupt noch? Hätte man all diese Fragen nicht vor der Entwicklung der selbstfahrenden Autos klären sollen? Ein solches Auto ist schließlich kein iPhone, das man an einen einzelnen Menschen verkauft. Man muss ein ganzes Land davon überzeugen, das dann die politischen Rahmenbedingungen und die Infrastruktur schaffen und für den Start viele Hundert Milliarden bereitstellen muss. Wir wissen vom Bau des Berliner Flughafens, wie langsam die Mühlen der Verwaltung und der Entscheidung mahlen können.

Die Werbebilder begeistern: Auf den Highways in Kalifornien und den Teststrecken von Google und Tesla ist autonomes Fahren schon Alltag. Aber wie sieht es im Rest der Welt aus? Wer räumt eigentlich bei uns im Winter die Straßen von Schnee und Eis? Im Silicon Valley kein Problem, bei uns schon. Können Sensoren, die im Herbst von einem herabfallenden Blatt verdeckt werden, immer noch so gut gucken wie ein menschliches Auge? Verschwinden Oldtimer, Motorräder und Radfahrer von den Straßen? Ein Radfahrer wird heute vor mir auf der Straße keine Schlangenlinien fahren, um mich zu ärgern. Er kennt mein Aggressionspotenzial nicht. Bei einem selbstfahrenden Auto kann er sich sicher sein, dass es ihn nicht von der Straße fegt. Braucht ein selbstfahrendes Auto überhaupt noch Blinker, Licht, Ampeln, Verkehrsschilder und Versicherungen? Ist das Netz stabil und vor allem sicher, das alle Autos miteinander verbindet? Wer Überzeugungsarbeit leisten will, muss auch solche Fragen beantworten können. Ich bin und bleibe skeptisch. Und die größte aller Fragen ist auch noch nicht beantwortet. Sie lautet eben nicht: Strom oder Wasserstoff? Industrie und Wissenschaft zerbrechen sich die Köpfe, welche Antriebsform für unsere Autos die beste ist. Warum fragt sich in digitalen Zeiten niemand, ob auch eine Welt ohne Autos möglich ist? Eine solche Diskussion habe ich in den Medien bis heute noch nicht verfolgen können. Homeoffice in Coronazeiten hat die Straßen leerer gemacht. Kann das mal jemand für mich weiterdenken?

Im Zeitalter der Knowledge Economy wird genau diese Form des Weiterdenkens der zentrale Unternehmenszweck sein. Bestehendes Wissen kann Probleme lösen, deren Muster man schon kennt. Wer allerdings die Möglichkeiten guter Ideen hinterfragen und diese sogar weiterdenken möchte, wer Probleme lösen möchte, die sich vorher noch nicht ergeben haben, muss auf die richtige Kombination aus Wissen und Kreativität setzen. Die besten Chancen hat dann das Unternehmen, das Wissenskrieger in den eigenen Reihen weiß.

KAPITEL 6

DIE TÜRSTEHER DER WIRTSCHAFT

... und die Verlierer der Zukunft

Wir befinden uns in Bezug auf Geschäftsstrategien gerade mitten in einem Paradigmenwechsel. Corona hat alles verändert. Unternehmen erkennen plötzlich, dass Homeoffice eigentlich gar keine schlechte Idee ist. Viele Unternehmen haben sich an dieses Thema lange nicht rangetraut, aber als ihnen gar keine andere Wahl mehr blieb, mussten sie feststellen, dass die Vorteile des Homeoffice nicht von der Hand zu weisen sind: Die Heimarbeiter sparen sich den Weg zur Arbeit und genießen gleichzeitig eine neue Form der Work-Life-Balance; und die, die trotzdem fahren müssen, freuen sich über weniger nervigen Berufsverkehr. Es gibt Dinge, die vermisst man nicht, wenn sie plötzlich nicht mehr da sind. Stau zum Beispiel. Oder Stress. Und es gibt Dinge, vor denen man Angst hat, die eigentlich unbegründet ist. Gerade jetzt spüren immer mehr Menschen, wie wichtig es ist, eine neue Zukunftsstrategie zu entwickeln. Da ich mich seit dem Start meiner Firma mit der Entwicklung von Zukunftsstrategien beschäftige und in diesem Rahmen auch Marktführer begleitend entwickeln konnte, bin ich immer sehr sensibilisiert für grundlegend neue Strategien. Das Problem an neuen Strategien ist, dass man sie in den meisten Fällen noch gar nicht erkennt. Erst wenn sie eine gewisse Verbreitung erreicht haben, nimmt man sie wahr.

Möglicherweise ist es dann aber zu spät, diese Strategie zu seiner eigenen zu machen. Auch Strategien muss man Chancen geben. Anfangen statt abwarten lautet hier die entscheidende Devise. So können Sie sich ein Monopol aufbauen, bevor der Wettbewerb es überhaupt erkennt.

Anfang des letzten Jahrzehnts beobachtete ich Big-Tech-Unternehmen wie Google, Apple, Facebook und Amazon. Später führte die Europäische Union für diese Internetriesen den Begriff GAFA ein, um auf die finanzielle Macht der Internetkonzerne und die Gefahr der Monopolbildung hinzuweisen. Ich habe mir damals die Frage gestellt: Was machen diese Unternehmen seit ihrer Gründung eigentlich anders als andere Unternehmen? War – und ist – es allein das Venture Capital, das im Silicon Valley deutlich lockerer sitzt als in Deutschland? Nein, natürlich nicht. Das Geschäftsmodell beruht auf einer grundsätzlich anderen Einstellung zu den Themen Kunden und Wissen.

Bei Amazon geht es in erster Linie um Nutzenmaximierung für die Kunden, nicht um Gewinnmaximierung. Die Logik dahinter: Wenn die Kunden glücklich sind, kommt das Geld fast von allein. Als Buchautor wandte ich mich übrigens sehr früh an Buchhändler, um vor Amazon zu warnen, da das ursprüngliche Kerngeschäft Amazons der Buchverkauf war. Man hatte allerdings Amazon unterschätzt und die eigenen Anstrengungen vernachlässigt. Ein Gegensteuern ist bis heute nicht zu erkennen. Mittlerweile macht Gegensteuern gar keinen Sinn mehr. Es gibt Züge, die sind für immer abgefahren. Heute laufen etwa 70 Prozent des Buchumsatzes in Deutschland über Amazon. Der Online-Riese hat für Lesemuffel über 3,5 Millionen andere Produkte im Angebot und ist damit ein gigantisches Kaufhaus. Der Buchhandel, einst der Gründungszweck, ist heute ein Zubrot.

Wenn man über Sieger der Zukunft spricht, darf Apple nicht fehlen. Apple entwickelte sich seit dem Turnaround und der Vorstellung des iPhones 2007 immer mehr zum First Player der gesamten Branche. Aber auch Steve Jobs hat lernen müssen und seine Erfahrungen in das Konzept für den Aufbau der Apple-Strategie einfließen lassen. Jobs galt als Kontrollfanatiker und

Perfektionist gleichermaßen. In seiner ersten Ära als Unternehmenslenker wäre er fast gescheitert, hätte nicht Bill Gates von Microsoft kurz vor Torschluss Geld in das Unternehmen gepumpt, damit es überlebensfähig bleibt. Der Marktanteil von Apple war auf wenige Prozent gesunken, weil Apple im Gegensatz zu Microsoft die Strategie des Alleinseins gefahren ist. Das Betriebssystem wurde nicht lizenziert, völlig anders, als Microsoft es mit Windows getan hat. Apple wollte die Kontrolle über alles behalten und wäre fast daran gescheitert. Jobs überredete Gates, Apple mit einem Aktienkauf im Wert von 150 Millionen Dollar zu unterstützen. Bill Gates hatte damals eine klare Vision: auf jedem Schreibtisch ein PC. Und in jedem PC ein Betriebssystem aus dem Hause Microsoft. Er ließ sich diese Chance natürlich nicht entgehen, denn er stand damals im Visier der Wettbewerbshüter, weil Windows langsam, aber sicher eine Monopolstellung einnahm. Apple war gerettet – und Bill Gates konnte öffentlichkeitswirksam beweisen, dass er ein Herz für Konkurrenten hatte, nicht für Monopole.

Steve Jobs musste im September 1985 das Unternehmen Apple verlassen – aufgrund von Differenzen mit John Sculley, den er zwei Jahre zuvor selbst zum CEO ernannt hatte. Jobs hatte den ehemaligen Pepsi-Präsidenten einst mit den legendären Worten »Möchten Sie bis zum Lebensende Zuckerwasser verkaufen oder die Welt verändern?« zu einem Wechsel überredet. Aber Steve Jobs ließ nach dem Rauswurf den Kopf nicht hängen, sondern krempelte die Ärmel hoch. Er baute kurzerhand das Computer- und Softwareunternehmen NeXT auf und machte im Anschluss das kleine Animationsstudio Pixar groß. Bei dessen Verkauf an Disney erhielt er so viele Aktien, dass er mit 6 Prozent – sprich: 138 Millionen Aktien – zum größten Einzelaktionär der Walt Disney Company aufstieg. Als er 1997 zu Apple zurückkehrte, strich er für NeXT weitere 400 Millionen Dollar ein. Sofort nach seiner Rückkehr zog er die richtige Lehre aus dieser Entwicklung. Zwar war es ihm 2007 beim Launch des iPhones immer noch wichtig, die Kontrolle über seine Produkte zu behalten, allerdings hatte er jetzt verstanden, dass er auch teilen musste. Und so konnten mittlerweile mehr als drei Millionen

Partner gewonnen werden: Entwickler, die dazu beitragen, dass jeden Tag neue spannende Spiele und Apps auf den Markt kommen. Jedes iPhone wurde im gleichen Zustand ausgeliefert und konnte durch den Kunden nach seinen eigenen Vorstellungen mit Apps individualisiert werden. Das war damals ein genialer Schachzug, der in den Medien weltweit Beachtung fand. Heute ist das nichts Weltbewegendes mehr, weil Google und Android dieses System kopiert und zur Selbstverständlichkeit degradiert haben. Aber Steve Jobs war damals schon klar, dass Wissen der entscheidende neue Ansatz sein wird. Wissen, das überall abrufbar ist und auf kollektiver Intelligenz basiert.

Nach dem iPod und iTunes im Jahre 2001 kam 2007 das iPhone, 2010 das iPad und 2014 die Apple Watch auf den Markt. Eine Revolution knüpfte stets nahtlos an die vorherige an. Im Apple-Ökosystem wird heute jedes neue Gerät über die iCloud mit anderen Geräten des Kunden verknüpft, die Kommunikation untereinander funktioniert perfekt. Apple geht sogar so weit, dass eine Apple Watch nur funktioniert, wenn man sie über ein iPhone einrichtet. Klingt nach Zwang und Abhängigkeit, aber genau deshalb funktioniert sie so perfekt. Genau deshalb ist sie so erfolgreich und begehrt. Da gibt man für ein Armband gern 100 Euro aus. Apple hat ein Gespür dafür entwickelt, was Kunden gefallen könnte und was sie brauchen könnten. Das alles hat Steve Jobs auf den Weg gebracht. Leider ist er viel zu früh von uns gegangen, aber sein Geist weht noch heute durch die digitale Welt. In Paris habe ich Steve Jobs sogar einmal persönlich kennenlernen dürfen, was meine berufliche Laufbahn natürlich entsprechend beeinflusst und geprägt hat.

Der nächste große Sieger im Wettbewerb der Türsteher ist Facebook, jetzt Meta. Mit der neuen Dachmarke möchte man Größe und Produkt- und Leistungsvielfalt zum Ausdruck bringen. Damit steht Facebook jetzt als eine Submarke neben Instagram und WhatsApp. Böse Zungen behaupten, damit wolle Mark Zuckerberg der schlechten Presse um den Namen Facebook entgegenwirken. Mit dem Namen Meta möchte man an das Metaversum anknüpfen, an die virtuelle Welt, die jetzt konzernweit in den Fokus rückt.

Facebook als größtes Netzwerk der Welt wurde wie das iPhone anfangs ebenfalls völlig unterschätzt und belächelt. Auch hier konnte sich niemand wirklich vorstellen, dass es Menschen gibt, die alles öffentlich machen, was man öffentlich machen kann. Facebook weht allerdings schon seit Längerem ein starker Gegenwind ins Gesicht, weil immer mehr Größen aus dem Silicon Valley die Abkehr von den sozialen Medien predigen. Dennoch war Facebook für die jungen Generationen lange Zeit das unangefochtene Buch der Bücher, sozusagen die Bibel der digitalen Zeit. Zumindest aber – gemeinsam mit Instagram – das mit Abstand erfolgreichste Ratgeberbuch für Geltungssüchtige. Und für nicht wenige der jungen User leider auch das einzige Buch im digitalen Regal. Natürlich gab es auch schon vor Facebook soziale Netzwerke, aber keine dieser Plattformen hat so gut unsere Bedürfnisse identifiziert und diese anschließend so schnell befriedigt. Wie viele andere digitale Angebote polarisiert auch Facebook: Für die einen ist es die große, weite Welt, der Ort, wo das Leben, soziales Miteinander und Kommunikation stattfinden. Für die anderen ist es allerdings das genaue Gegenteil: eine völlig neue Form der Isolation. Eine durchaus diskussionswürdige Entwicklung, denn ein Netzwerk entspricht eigentlich unserer Natur. Wir sind soziale Wesen und streben nach Zugehörigkeit: Wo die anderen sind, da möchte auch ich sein. Mitgliedschaft, wo auch immer, ist ein persönliches Statement. Wenn wir allerdings Teil einer Gruppe sein möchten, deren Mitglieder wir gar nicht persönlich kennen, diese aber dennoch als Freunde bezeichnen, läuft etwas aus dem Ruder. Wer jede Einladung annimmt, ist weder wählerisch noch selbstbewusst.

Facebook schafft »Freunde«, hat aber im Gegensatz zu echten Freunden nicht unsere persönliche Gesellschaft, sondern Umsatz zum Ziel. Das ist natürlich erst einmal nichts Verwerfliches, denn wir alle streben schließlich nach Gewinn und Wachstum. Davon hat Facebook 2021 eine ganze Menge gemacht: 118 Milliarden Dollar haben die Bemühungen eines Jahres in die Unternehmenskassen gespült, stolze 37 Prozent mehr als im Vorjahr. Da kann von Social-Media-Müdigkeit keine Rede sein. Das Geschäftsmodell ist fantastisch: Je länger wir online sind, desto mehr Geld wird über Werbung generiert. Kein Wunder, dass Facebook es wie kein anderes Unternehmen versteht, uns bei der digitalen Stange zu halten. Ein Pling! auf dem Smartphone, und schon sind wir drin, weil wir wissen wollen, was sich in unserem Netzwerk Neues tut. Das Rad des Umsatzes dreht sich weiter: Je mehr wir online sind, desto mehr scheint sich aus Sicht der Werbekunden die Investition in Online-Werbung zu lohnen. Sie schalten mehr Werbung, die wir dann konsumieren müssen, was neue Inserenten von der Wirksamkeit überzeugt, die dann wieder Werbung schalten. Und so weiter. Es ist schon verrückt: Wir erhöhen mit unserem Surfverhalten die Zahl der Werbeeinblendungen, die wir doch alle als so lästig empfinden.

Google – Wissen auf Abruf

Google hat – wie alle heutigen Techgiganten – ganz klein angefangen: Zwei Freunde haben 1995 in Stanford eine Suchmaschine programmiert. Heute beschäftigt der Mutterkonzern Alphabet Inc. weltweit rund 157.000 Mitarbeiter. 257,6 Milliarden US-Dollar Umsatz wurden im Jahr 2021 gezählt, 41 Prozent mehr als im Vorjahr. Beeindruckende Zahlen, aber ich bin überzeugt davon, dass die Zukunft für Google gerade erst beginnt. Im Bereich Internet of Things wird das Unternehmen vermutlich alle anderen hinter sich lassen. Besonders die weitreichenden Kompetenzen im Smart-Home-Bereich werden das vorantreiben. Auch die Bereiche Virtual Reality, Mobility, künstliche Intelligenz und Machine Learning haben noch nahezu unendlich viel Luft nach oben. Die größte Geldquelle bleibt allerdings vorerst noch die Suchmaschine. Hier ist das letzte Wort noch nicht gesprochen. Ich denke, dass Google ständig nach Wegen suchen wird, um die Qualität der Inhalte, die Webseiten zu bieten haben, zu bewerten und dies in seine Suchalgorithmen einfließen zu lassen. Und weil sich alles im Leben und in der Wirtschaft um Kaufen und Verkaufen dreht, wird eine Produktsuche die Suchmaschine zur noch effizienteren Schnittstelle zwischen Anbieter und

Suchendem machen. Denn eines ist offensichtlich: Wer ein Produkt sucht, macht das, weil er ein großes Interesse daran hat und allein damit schon hohe Kaufbereitschaft signalisiert. Er muss nur noch das richtige Angebot finden. Wer nicht sofort bei Amazon sucht, sondern zuerst bei Google, weil er dort mehr Ergebnisse erhält, vertraut der Suchmaschine auf Dauer nur, wenn er dort regelmäßig das treffsicherste Angebot bereits auf Seite 1 der Suchergebnisse serviert bekommt – für jede Suchmaschine eine echte Herausforderung.

Google, Apple, Facebook, Amazon: Die großen Plattformen sind heute die Türsteher der Wirtschaft. Und es sind bei genauerer Betrachtung Wissensplattformen. An denen muss man sich messen und orientieren, an denen muss man vorbei, will man im großen Geschäft mitmischen. Ein weiterer Riese spielt in dieser Liga mittlerweile wieder ganz vorne mit: Microsoft. Microsoft sieht Wissen und den Umgang und die Nutzung damit als eine der zentralen Strategierichtungen der Zukunft. Mit MS Teams und MS Viva wird Kommunikation auf ein völlig neues Level gehoben. Und durch die Vernetzung mit Office 365 sind die Voraussetzungen in den meisten Unternehmen bereits vorhanden.

Warum sind diese Giganten so groß geworden? Zum einen natürlich durch die fantastischen Angebote und die enorme Reichweite, zum anderen aber – und das wird von etablierten Unternehmen noch immer völlig unterschätzt –, weil diese Unternehmen die Daten ihrer Kunden abfragen. Wer kaufen will, braucht ein Kundenkonto, einen Account. Name, Adresse, Kontaktdaten, ja sogar Vorlieben: Das alles und mehr wird abgefragt. Mit anderen Worten: Online-Unternehmen kennen ihre Kunden. Der Supermarkt, in dem ich seit 30 Jahren einkaufe, weiß bis heute nicht, wie ich heiße. Es interessiert ihn auch nicht. Warum soll er mir in einer persönlichen Ansprache Produkte anbieten, die ich sowieso in meinen Einkaufswagen packe? Dabei ist der direkte Kontakt das einzige Ziel von DeutschlandCard & Co., die an der Kasse regelmäßig eingescannt werden. Das alles hat uns nie gestört, bis wir gemerkt haben, dass Amazon uns nur tolle Produkte empfehlen kann, weil die Algorithmen unsere Vorlieben und unser Einkaufsverhalten kennen. Produkte, die ich dann mit der 1-Klick-Methode kaufen kann. Und ich erfahre sogar, wann das Paket geliefert wird. Das ist Kundenservice, den ich gestern nicht kannte und den ich morgen nicht mehr missen möchte. Oder frei nach Goethes Faust: Hier bin ich Kunde, hier darf ich's sein. Wenn ich in die Stadt fahre, um etwas zu kaufen, laufe ich Gefahr, dass das Regal leer ist. Das Unternehmen hat keinerlei Möglichkeit, mich darüber vorab zu informieren. Bei Amazon sehe ich »noch 37 Stück auf Lager«. Kein Einzelhändler dieser Welt scheint diesen Mangel erkannt zu haben, denn sonst hätte sich schließlich schon jemand um eine Lösung bemüht. Diese Einstellung ist kundenunfreundlich, denn sie gibt zwei Signale: »Was da ist, ist da« und »Kauf es oder lass es«. Stellen Sie sich vor, Sie möchten einen Kuchen backen und haben alle Zutaten bereits im Einkaufswagen. Dann kommen Sie zum Mehlregal. Ausverkauft. Sie müssen das Backen verschieben oder auf dem Rückweg einen Zwischenstopp beim Wettbewerber einlegen. Auch bei Amazon ist gelegentlich ein Artikel nicht verfügbar. Sie können ihn trotzdem kaufen. Er wird Ihnen später kostenlos zugestellt. Wer bringt mir mein Mehl?

Aus analog wird digital

An der Supermarktkasse wird bei uns noch viel bar bezahlt. Niemand möchte dort meinen Namen wissen. Dabei ist Wissen das Kapital der Zukunft. Wenn ich per EC-Karte zahle, kennt immerhin das kartenausgebende Unternehmen meinen Namen, doch der Supermarktleiter ist immer noch ahnungslos. Warum spendiert er seinen Kunden keine hauseigene Treuekarte? Eine, die maßgeschneidert ist und nicht Teil eines großen Verbundes wie zum Beispiel DeutschlandCard ist? Könnte die Digitalisierung das Problem nicht lösen? Doch, das kann sie, denn Digitalisierung kann sogar Probleme lösen, die man selbst gar nicht als Problem identifiziert. Es reicht aus, wenn ein anderer das Problem erkennt und die Lösung findet. Jemand, der sich auf die Digitalisierung von anscheinend nicht digitalisierbaren Produkten und Prozessen spezialisiert hat. Clevere Unternehmen erkennen die Wissensdefizite ihrer Kunden. Die Dögel GmbH in Kabelsketal (Sachsen-Anhalt) ist ein solcher Spezialist. Ich möchte hier die digitale Denke des Unternehmens an einigen Beispielen festmachen.

Working-dog.com ist ein Online-Portal, das auch »Facebook für Hunde« genannt wird. 2007 hatte Mathias Dögel die interaktive Plattform mit Premium-Konzepten an den Start gebracht, die Hundesportlern, Züchtern, Vereinen und anderen Hundefreunden eine gemeinsame Anlaufstelle und ein alle verbindendes Netzwerk bieten sollte. Heute zählt diese Community rund 350.000 Mitglieder und circa 2,8 Millionen Hunde. Auf der Plattform werden unter anderem Stammbäume und Zuchtdaten gelistet, Tiere gehandelt sowie Veranstaltungen und Meisterschaften begleitet. Veranstaltungen können von den einzelnen Verbänden mit der von Dögel entwickelten Software Caniva vollumfänglich und in Eigenregie verwaltet werden. Videos und Livestreams und ein gut besuchter Online-Shop runden das vielseitige Angebot auf Working-dog ab. Beitragsqualität ist bei Dögel natürlich Ehrensache: Sämtliche Eingaben der User werden von erfahrenen Moderatoren geprüft und erst nach bestandener Kontrolle freigeschaltet. Und weil das Konzept die Community im Sturm erobert hat, diente es als Vorbild für die 2010 für den Landwirtschaftsverlag in Münster ins Leben gerufene Plattform rimondo.com, das als »Working-dog für Pferde« weltweit 300.000 Mitglieder und 1,3 Millionen Pferde miteinander verbindet.

Ein weiteres Beispiel: Das Unternehmen CASO Design in Arnsberg produziert und vertreibt Küchentechnik. Die Weinkühlschränke des Herstellers tun das, was der Name verrät: Weine kühlen. Doch die Experten von Dögel waren der Meinung, dass eine gute Flasche Wein viel zu kostbar ist, als dass man sie nur kühlen sollte. Sternerestaurants und Weinbars betreiben mehrere dieser bis zu 192 Flaschen fassenden Kühlschränke in ihren Weinkellern, da verliert man ohne intelligente Vorratsverwaltung schnell den Überblick über die noch zur Verfügung stehenden Sorten und Lagen. Eine

Lagerverwaltung via App macht das Leben einfacher, denn jetzt lassen sich die noch vorhandenen Weine nach Jahrgang, Lage, Säure, Preis und allen anderen nur erdenklichen Kategorien sortieren und darstellen. Doch damit nicht genug: Auf Wunsch können Sie die Weine in Ihrem Kühlschrank für die ständig wachsende CASO-Community freischalten. Jeder CASO-Kunde weltweit kann sehen, welche Weine bei Ihnen lagern und den leckeren Tropfen dann bei Ihnen anfragen beziehungsweise direkt ordern.

Kernproblem des Unternehmens CASO war vorher dasselbe wie bei vielen anderen Herstellern: Aufgrund des Vertriebsmodells kannte man seine Endkunden nicht. Die Produkte wurden nicht im Direktvertrieb verkauft, sondern über den Großhandel und den Einzelhandel an den Markt gebracht. Die Nutzung der App setzt eine Registrierung voraus. Jetzt hat der Hersteller die Möglichkeit, seinen Kunden neue Produkte anzubieten und personalisierte Botschaften zuzustellen. Die Logik ist offensichtlich: Wer viel Geld für einen Weinkühlschrank ausgibt, trinkt regelmäßig hochpreisige Weine. Und wer einen guten Tropfen liebt, ist auch gutem Essen nicht abgeneigt. Das zarteste Fleisch soll es sein, und dafür stehen die Dry-Aged-Reifeschränke des Herstellers. Warum den Käufern der Weinkühlschränke nicht die Reifeschränke schmackhaft machen? Oder einen Barbecue Cooler, der das Grillfleisch auf der Terrasse auf Temperatur hält? Warum sollen in digitalen Zeiten Produkte weiterhin in Regalen von Händlern auf Kunden warten, die allzu oft nur durch Zufall darauf stoßen? Jetzt können potenzielle und finanziell starke Kunden direkt angesprochen werden. Diese Möglichkeiten heben den Vertrieb und die Umsatzmöglichkeiten auf ein völlig neues Level.

Aber Digitalisierung kann noch mehr, denn zu den oben genannten Vorteilen addieren sich die vielfältigen Möglichkeiten der Inventarisierung. Wie viele Produkte schlummern in Ihrer Tiefkühltruhe, deren Haltbarkeitsdatum bereits seit Jahren überschritten ist? Nur die wenigsten haben ein Bild davon, was in den Tiefen ihrer Kühlgeräte längst vergessen wurde. Wäre es nicht prima, rechtzeitig eine Push-Information auf den Bildschirm Ihres Smartphones gesendet zu bekommen oder eine entsprechend sortierte Liste in einer App einsehen zu können? »Zum Wegwerfen zu teuer« gilt schließlich für jedes Produkt, unabhängig vom Preis.

Weine konnten früher nur getrunken werden – heute können wir sie bewerten und uns in Echtzeit über sie austauschen. Beim Verkauf über die CASO-Plattform erhebt das Unternehmen eine kleine Vermittlungsgebühr. So kommen alle Prozessbeteiligten in die Gewinnzone. Die CASO-Community bestand früher aus lediglich zwei Personen: dem Hersteller und dem Kunden, der den Weinkühlschrank gekauft hat. Heute sind viele Tausend Menschen miteinander verbunden. Und sie werden ihrer Marke mit hoher Wahrscheinlichkeit die Treue halten, weil dann alle Produkte des Unternehmens mit einer einzigen App kontrolliert und gesteuert werden können – mit einer App, mit deren Design man bereits bestens vertraut ist.

Ein drittes und letztes Beispiel: Ein Supermarkt im Landkreis Halle hat nicht auf Kunden gewartet, sondern selbst welche generiert: Der Marktleiter hat die Software »Alorio« in Auftrag gegeben, die über eine Smartphone-App den gesamten Warenbestand zur Bestellung anbietet. Der Kunde kann seinen Warenkorb füllen und erhält die Ware per Kurier – zum gleichen Preis wie im Supermarkt. So spart er sich die Fahrt bei Wind und Wetter und ganz nebenbei das Schleppen der Getränkekisten und der Einkaufstaschen. Am Ende sind alle glücklich: Der Kunde, der ohne Mehrkosten seine Ware erhält, und der Supermarkt, der zwar einen Mehraufwand hat, diesen aber über den Mehrumsatz mehr als ausgleichen kann, weil die Wettbewerber diesen Service nicht anbieten. Und weil er endlich über die lang ersehnten Kundendaten verfügt.

Die *Mitteldeutsche Zeitung* in Halle erkannte kurz nach Einführung des Systems weiteres Potenzial: Das Medienunternehmen verfügt über 400 Zustellfahrzeuge, die nach Auslieferung der Zeitungen bis zum nächsten Morgen stillstehen. Warum nicht Waren im Kundenauftrag ausliefern und so den hauseigenen Fuhrpark gewinnbringend auslasten? Alorio wurde kurzerhand um diese Funktion erweitert. Fortan konnten Kunden im Großraum Halle via App die Abholung und Zustellung der eigenen Ware in Auftrag geben und ihre Zustellbedarfe kostengünstig abdecken. »Same Day Delivery« war dabei ein gutes Argument für alle, die es eilig hatten.

Heute ist Alorio ein leistungsstarkes und ausbaufähiges System, das in der Lage ist, jeden Lebensmittel-Online-Shop genau nach Kundenwunsch zu konfigurieren. Zahlreiche Module und Schnittstellen sorgen dafür, dass jeder Prozess von der Zusammenstellung des Warenkorbs über die logistische Abwicklung bis zum Bezahlvorgang vollautomatisiert abläuft und sich dabei optimal an die bekannten und bewährten Workflows in der Offline-Welt anbindet. Alorio kam zur richtigen Zeit, denn das Wachstumspotenzial ist enorm: Der Lebensmitteleinzelhandel in Deutschland erzielte 2020 einen Umsatz in Höhe von 179,8 Milliarden Euro. Lediglich 2 Prozent davon wurden online verbucht. Corona hat den Online-Anteil mittlerweile vervierfacht. In England liegt er laut *Manager Magazin* 2021 sogar bereits bei stolzen 16 Prozent – Tendenz steigend. Diese Zahl beweist, wie hoch das Potenzial auch hierzulande ist. Diese Zahl wird irgendwann mit jedem weiteren Kunden steigen. Irgendwann wird der Tag kommen, an dem wir gar nicht mehr zum Supermarkt fahren. Wie praktisch das ist und welche Vorteile wir genießen, beweist uns der Einkauf bei Amazon jeden Tag.

Die Beispiele zeigen: Man kombiniert die Digitalisierung mit den Wissensdefiziten oder den Wissensbedarfen der Kunden. Und so lassen sich Dinge digitalisieren, die auf den ersten Blick überhaupt kein Potenzial haben. Genau das ist die große Kunst der Digitalisierung. Das Internet of Things beschränkt sich längst nicht mehr nur auf Smartphones, Tablets und Kameras. Wie immer im Leben geht es am Ende darum, Potenziale zu erkennen. Aber auch aus dem Fußball wissen wir, dass Potenzial allein nicht glücklich macht. Ein junges Talent bleibt immer nur ein Talent, wenn nicht irgendwann jemand kommt, der auch etwas daraus macht.

KAPITEL 7
MITARBEITERWÜSTE DEUTSCHLAND

... und die stille Revolution von unten

Wer seine Unternehmenskultur dem Zufall überlässt, handelt grob fahrlässig. Ein Unternehmen ist eine soziale und kulturelle Einheit: Gesetze sind pauschal, sie gelten für alle, und doch will und muss jeder Einzelne eine individuelle Behandlung erfahren. Wer im Markt bestehen will, muss jeden einzelnen Mitarbeiter ins Zentrum jeglichen Handelns setzen. Denn wer als Mitarbeiter das Gefühl hat, dass sich die oberste Führungsebene Zeit nimmt, seine persönlichen Bedürfnisse zu erkennen und entsprechend zu agieren, ist zu allem bereit. Man gibt sein Bestes, und das schließt das persönliche Wissen mit ein.

Vorbei sind die Zeiten, in denen ein Mitarbeiter nur eine Nummer auf einem Lohnstreifen war. Ein Unternehmen mit 10.000 Mitarbeitern besteht heute aus ebenso vielen Individualisten, von denen sich jeder Einzelne für den Mittelpunkt der Welt hält, um den herum sich alles andere dreht. Daraus erwachsen Probleme: Einfühlungsvermögen des Teamleiters ist gefragt, damit das gemeinsame Ziel nicht durch ständige Diskussionen bereits im Keim zu ersticken droht. Hohe Individualität schafft aber auch neue Chancen: Wer seine Ansprüche erfüllt sehen möchte, muss auch ein höheres Maß an Verantwortung schultern – nicht nur für sich selbst, sondern auch für seine Arbeit. Selbstständiges Denken wiederum ist eine Petrischale für neue Ideen, und wo neue Ideen miteinander kombiniert und Standardprozeduren hinterfragt werden, werden Ziele schneller erreicht. Das Kommunikationsbedürfnis jedes Einzelnen muss erkannt werden, und auch Kritik an den Ideen der Führungskräfte muss erlaubt sein. Ein Individualist, der das Gefühl hat, sich frei entfalten zu dürfen, muss nicht mehr motiviert werden: Er motiviert sich selbst. In einer solchen Unternehmenskultur wächst automatisch der Wettbewerb untereinander, und das wiederum führt zu noch höherer Produktivität. Wer fair behandelt wird, revanchiert sich zudem mit nahezu unbegrenzter Loyalität. Im Grunde genommen ist diese Situationsbeschreibung ein offenes Geheimnis. Sollte man meinen.

Was genau sind die Ursachen dieser unternehmerischen Einstellung? In erster Linie vermutlich die Tatsache, dass – gerade in großen Unternehmen, wo das Controlling Entscheidungen massiv beeinflusst – alles gemessen wird. Alles außer den Dingen, die wirklich zählen. Prozente, Quotienten und stochastische Werte geben uns ein Gefühl von Kontrolle und Sicherheit, Zahlen werden zu heiligen Kontrollinstrumenten. Doch das alles ist nur Illusion. Unternehmenskultur ist das Geheimrezept, das immer funktioniert, aber nur selten Anwendung findet. Peter F. Drucker definierte das bereits vor vielen Jahren in einem Schlüsselsatz: *Culture Eats Strategy For Breakfast.* Und obwohl Unternehmenskultur nichts kostet, werden alle anderen Wege beschritten, deren Kosten erst einmal in unzähligen Meetings und von ebenso vielen Gremien abgenickt werden müssen. Doch wie will man Unternehmenskultur mit Zahlen messen? Weil das nicht funktioniert, scheint diese Option eine ungeeignete zu sein. Unternehmenskultur lässt sich nicht befehlen; sie muss langsam wachsen und ist zudem abhängig von der Bereitschaft der Mitarbeiter, diese Philosophie mitzutragen. Das Interessante daran: Je näher die Unternehmenskultur dem natürlichen sozialen Verständnis jedes Einzelnen entspricht, desto größer die Wahrscheinlichkeit, dass sie akzeptiert wird. Das Investment ist also mehr als überschaubar, denn niemand muss sich verbiegen, um diese Werte zu vertreten und im zweiten Schritt zu leben.

Was kostet beispielsweise die Bereitschaft zum offenen Dialog? Warum gibt es in einer Welt, in der Freiheit, Verantwortung und Bereitschaft zu ständigem Lernen selbstverständliche Teile des Lebens sind, immer noch so viele Unternehmen, die an strengen Hierarchien festhalten? Wenn jeder einzelne Mitarbeiter das Recht und somit die Macht hat, den Knopf zu drücken, der das Produktionsband stoppt, ohne vorher einen Antrag stellen zu müssen, ist das ein Gewinn. Nicht nur für jeden Einzelnen, sondern für das gesamte Unternehmen. Ein gutes Beispiel für erfolgsorientierte Unternehmenskultur ist das Ideenmanagement: Früher hatten nur die anerkannten Superhirne eines Unternehmens das Recht auf eine Meinung. Das Wissen von Millionen von Mitarbeitern, von anonymen Superhirnen, lag brach. Heute geht das Ideenmanagement Hand in Hand mit dem Beschwerdemanagement und nutzt nicht nur dem Kunden, sondern letztendlich auch der eigenen Bilanz.

In den letzten Jahren sind einige sehr interessante Unternehmen entstanden, die Apps zur Verfügung stellen, mit denen Unternehmen ihre Mitarbeiter informieren und auch damit eine neue Form der Wissenskultur in den Firmen implementieren. Endlich weiß jeder, wann ein neuer Mitarbeiter anfängt, wer Urlaub hat, welche aktuellen News es gibt und noch vieles mehr. In verschiedenen Gruppen können so alle sofort informiert werden. Und das alles zu einem mehr als fairen Preis.

Bleiben wir noch einen Moment bei der Herausforderung »Culture«. Mangelnde Unternehmenskultur führt zu Passivität auf beiden Seiten und zu einem Teufelskreis, der nur schwer zu durchbrechen ist: Während die Führungsetage die Leistungsbereitschaft der Mitarbeiter bemängelt, kritisieren diese den Führungsstil der Unternehmensleitung – von den Qualitäten der direkten Vorgesetzten ganz zu schweigen. Das Ende vom Lied: Mitarbeiter behalten ihre Ideen für sich. Und das nicht allein aus böser Absicht, sondern in erster Linie aus Angst vor Kritik und Kündigung. Wenn Schweigen zu einer Form der Passivität wird, hat es ein Unternehmen schwer, die Alarmglocken zu hören. Am Ende hat man eine Kultur erschaffen, die keinen Nährboden für neue Ideen zur Verfügung stellen kann. Und das ist gleichzeitig der Anfang vom Ende. Dann ist es auch bereits zu spät zu erkennen, dass Zuhören ein wichtiger Teil von Kommunikation und Schweigen alles andere als Gold ist. Und dass die ganze Energie, die ein Unternehmen nach vorn bringen kann, darauf ver(sch)wendet wurde, auf Positionen zu verharren und Schwächen zu vertuschen.

Doch jede Münze hat zwei Seiten. Auf der anderen Seite gibt es nur wenige Dinge, aus denen so viel erwächst wie aus einem kreativen Konflikt. Eine Unternehmenskultur, die Konflikten eine Plattform bietet, die solch eine Kreativität erzeugt, ist leicht zu erschaffen: Sie muss einfach nur definiert werden. Ein Leitfaden ist alles, was dazu nötig ist. Das Problem ist nur: Wie werden diese Werte vermittelt? Wie kann ein Mitarbeiter beweisen, dass er sie verstanden hat? Was wird von ihm erwartet? Wird der regelmäßige Beweis zwischen den Zeilen eingefordert oder reicht es aus, wenn man nicht gegen die Statuten verstößt? Was nutzt eine Unternehmenskultur, die Fehler entdeckt und verzeiht, auf der anderen Seite aber schweigt, wenn Leistungen erbracht werden, die das Unternehmen weit nach vorn katapultieren? Die Bereitschaft der Mitarbeiter, ihr Wissen einzubringen, wird für Unternehmen zum Schlüsselfaktor in Bezug auf Erfolg und Zukunftssicherheit.

Der Wandel macht auch vor den Türen der Personalabteilung nicht halt. Ich denke sogar, dass gerade in diesen Köpfen der größte Wandlungsprozess stattfinden muss. Die besten Mitarbeiter sind immer die, die sich selbst einstellen. Galt früher die Gleichung »Gib mir deine Zeit und deine Arbeitskraft, dann gebe ich dir etwas von meinem Geld«, hat die Digitalisierung den Spieß umgedreht. Immer mehr entscheiden Kopf- und Wissensarbeiter über den Unternehmenserfolg, und sie denken auch anders über das Arbeiten selbst. Und auch darüber, wer wen eigentlich begeistern muss. Wenn Personalchefs die Kreativität fehlt, neue Ideen zur Mitarbeitergewinnung zu generieren, lohnt sich ein Blick auf die Kreativität der Mitarbeiter. Während sich die Bewerbungsmappen von Millionen von Handwerkern, Büro- und Industriekaufleuten gleichen wie ein Ei dem anderen (und die Urheber sich hinterher beschweren, dass sie sich die Finger wundschreiben und nach über 70 Bewerbungen immer noch keine Einladung zu einem Vorstellungsgespräch erhalten haben), beschreiten High Potentials außergewöhnliche Wege des Denkens, um an den Job ihrer Träume zu kommen.

Stellen Sie sich einfach einmal folgende Frage: Worauf achte ich, wenn ich ein Unternehmen betrete? Ich verrate es Ihnen: Sie prüfen als Erstes, ob Sie sich in der Umgebung wohlfühlen. Es muss passen wie ein Maßanzug. Das liegt allerdings nur zur Hälfte an Exterieur und Interieur. Die andere Hälfte der Wahrheit über das Unternehmen liest der Bewerber in den Gesichtern der Mitarbeiter. Lächeln sie? Sind sie gut gelaunt? Wirken sie gestresst? Wer möchte nicht lieber Teil eines lockeren Teams sein, das Spaß an der Arbeit ausstrahlt? Wir kennen unzählige Personalchefs, die dem Bewerber nach dem Gespräch die aktuelle Ausgabe des Kundenmagazins in die Hand drücken. *Werfen Sie auf der Heimfahrt doch einfach einen Blick hinein. Entdecken Sie, was wir für unsere Kunden tun und welche fantastischen Produkte wir entwickeln, produzieren und verkaufen. Sie werden uns lieben!* Nur die wenigsten HR-Manager haben begriffen, wie es wirklich funktioniert. Diese Minderheit überreicht die aktuelle Ausgabe des Mitarbeitermagazins. Das wird allerdings in vielen Firmen immer noch als Sprachrohr des Vorstands missbraucht. Diskussionen über die Quartalszahlen findet man dort ebenso wie Vergleiche mit der Konkurrenz, wobei Zahlen so gewählt, gestaltet und präsentiert werden, dass das eigene Unternehmen gut abschneidet.

Die Mitarbeiter wollen bei Laune gehalten werden, und wie kann man Mitarbeiter mit geringem Kostenaufwand besser motivieren als mit einem pauschalen Lob der gesamten Belegschaft im Mitarbeitermagazin? Nur die allerwenigsten haben begriffen, dass Mitarbeitermagazine die geborenen Spielwiesen für Storytelling sind. Gut und aufwendig recherchierte Geschichten über einzelne Mitarbeiter sind ein Zeichen von allerhöchster Wertschätzung. Wenn ein Bewerber mehrere solcher Geschichten in einer Ausgabe liest, empfindet er Geborgenheit. Nichts schmeckt so sehr nach Omas

Spätzle wie ein gut gemachtes Mitarbeitermagazin. Setzen Sie es auf Ihre To-do-Liste. Aber bitte ganz nach oben, auch wenn Sie es für ein Relikt aus längst vergangener Zeit halten, das in der digitalen Welt nichts verloren hat. Mitarbeitermagazine sind genauso analog wie Mitarbeiter.

»War for Talents« – Kriegserklärung oder Säbelrasseln? Der Begriff »War for Talents« suggeriert Endzeitstimmung. Einer wird gewinnen, der Rest wird verlieren. So ist Krieg nun einmal. Was früher Zeitungsanzeigen leisteten, erledigen heute die digitalen Drohnen mit der Aufschrift »Landingpage«. Doch ich habe gute Nachrichten, die die Dramatik entschärfen: Ihr Unternehmen wird nicht verurteilt, wenn Ihr Versuch, einen Absolventen der High-Potential-Class zu verpflichten, scheitern sollte. Schließlich entscheiden nicht die Besten der Welt über Ihren Erfolg, sondern die Besten für Ihr Unternehmen. Es geht einzig und allein darum, die Positionen in Ihrem Unternehmen – allen voran die Schlüsselpositionen – optimal zu besetzen. Das »H« in Human Resources macht den Unterschied, und deshalb zählen nicht auf allen Positionen allein die Qualifikationen, sondern mindestens ebenso die menschlichen Faktoren, die sogenannten Soft Skills: Wer passt ins Team – und warum nimmt an Bewerbungsgesprächen eigentlich selten das Team teil, für das der Bewerber vorgesehen ist? Wer scheint bereit, die Investition in die Ausbildung zurückzuzahlen, indem er länger als der Durchschnitt bleibt? Hohe Personalfluktuation ist ebenso schädlich wie mangelndes Gespür in Sachen Charakterbewertung. Empathie und Treue bedingen und ergänzen einander.

Früher galt die Regel der goldenen Uhren: Wer in einem Unternehmen die Lehre absolvierte, blieb dort bis zum Lebensende, weshalb 40- und 50-jährige Dienstjubiläen keine Seltenheit waren. Dieses Ritual ist heute ausgestorben. Das liegt aber nicht einzig und allein an der selbstgewählten Fluktuation der Mitarbeiter, sondern oftmals auch an den Unternehmen, die – heute von einem Wettbewerber gekauft – morgen schon eine neue Unternehmensphilosophie einpflanzen, die den Vorstand und zahlreiche Abteilungen komplett entwurzelt. Führungskräfte, die dank ihres Charismas ein schlagkräftiges Team aufbauen konnten, zu denen junge Mitarbeiter geradezu aufschauen, werden entlassen und durch einen Kandidaten aus der Zentrale des übernehmenden Unternehmens ersetzt. Motivations- und in der Folge Leistungseinbrüche von 50 Prozent sind nicht selten das Ergebnis solcher Umwälzungen.

Übrigens: 80 Prozent der Generation Y machen ihre Jobwahl von der gebotenen technologischen Ausstattung des Arbeitsplatzes abhängig. Diese jungen Leute wissen besser als so manch alter Hase, wie sehr Unternehmenserfolg von den vorhandenen IT-Strukturen abhängt. Wer im Büro einen Computer vorfindet, der seinem »Home«-Computer an Leistung unterlegen ist, wird sich mit diesem Umstand langfristig nicht anfreunden können. Wer mit produktiveren Werkzeugen ausgestattet wird, sieht seine Bedarfe erkannt und ist leistungsfähiger. Wer dagegen durch veraltete Technologie auf Dauer ausgebremst wird, verliert ziemlich schnell die Selbstmotivation. Diese Logik sollte jedem einleuchten, der Erfolg zu seinem Unternehmensziel gemacht hat. Und wer hat das schließlich nicht? Die Zeiten ändern sich, und wer sich mit ihnen ändert, wird überleben. Allerdings haben sich die Zeiten bereits geändert: Ein Mitarbeiter von heute muss nicht gemanagt werden – er ist erwachsen und intelligent genug, das selbst zu leisten. Ein guter Manager weiß das. Und fördert es, indem er seinen Führungsstil anpasst.

Und die Moral von der Geschichte? Charismatische Führer sind wie Topverkäufer: Sie sind auf den ersten Blick Superstars, doch auf den zweiten Blick wird deutlich, dass nicht ihre unmittelbare Leistung den Erfolg bringt, sondern die Motivation, die sie bei den Mitarbeitern auslösen. Die Masse bringt den Erfolg und den Umsatz, nicht der Einzelne oder eine kleine Gruppe. Für den Erfolg einer Mitarbeiterstrategie ist eine begeisternde Mitarbeiterkultur zweifelsohne Voraussetzung.

KAPITEL 8

DIE NEUE MACHT DER MITARBEITER

... und die Suche nach den richtigen Mitarbeitern

Die Erkenntnisse zu diesem Kapitel entwickelten sich erst durch die Zusammenarbeit mit unseren Kunden. Heute bin ich überzeugt, dass wir Wissen neu definieren müssen und dass der Rohstoff Wissen zum wichtigsten Erfolgsfaktor der Zukunft wird. An dieser Stelle gut zu wissen: Wissen ist der einzige Produktivfaktor, der sich durch Benutzung aufbaut – und nicht abbaut.

Der Weg zum Wissenskrieger begann in unserem Düsseldorfer Büro, als ich Besuch von Mitarbeitern der Dell Corporation erhielt. Auf der Agenda stand für diesen Tag die Entwicklung eines gemeinsamen Konzeptes für eine Roadshow. Aus der Sicht von Dell sollte die Roadshow den Schwerpunkt »Kunde« erhalten. Als wir in die Vorbereitung einsteigen wollten, sagte ich: »Ehrlich gesagt glaube ich, dass heute in vielen Unternehmen der Mitarbeiter noch wichtiger ist als der Kunde. Oder noch genauer gesagt: Nur begeisterte Mitarbeiter erschaffen auch begeisterte Kunden.« Ich ärgerte mich sofort, weil ich jetzt das Risiko einging, den Auftrag zu verlieren. Zum Thema Mitarbeiter gab es schließlich eine ganze Menge Kollegen, die sich auf dieses Thema spezialisiert hatten. Ich stellte dann allerdings eine weitere Schlüsselfrage: »Gibt es eine Studie oder Ableitung, aus der erkennbar wird, dass eine Erhöhung der Mitarbeiterzufriedenheit auch abhängig ist vom Digitalisierungsgrad eines Unternehmens?« Die Antwort kam prompt, denn bei Dell war eine solche Studie bereits bekannt. Eine Studie, die eben genau diesen Zusammenhang herausarbeitete. Damit war die Brücke geschlagen zwischen der Technologie und den Menschen. Der Titel der Roadshow wurde dann auch schnell gefunden: »Herzenssache Mitarbeiter. Die neue Unternehmenskultur im digitalen Zeitalter«. Sehr schnell stand auch fest, dass ein gemeinsames Buch geschrieben werden sollte mit ebendiesem Titel. Dieses Buch wurde später gemeinsam mit Doris Albiez, der damaligen Deutschland-Geschäftsführerin von Dell, herausgegeben.

Wir bereiteten die Roadshow sehr detailliert vor. Große Marketingagenturen wurden in die Konzeption einbezogen; es wurden Anzeigen in Wirtschaftszeitschriften geschaltet; eine Pressekonferenz wurde abgehalten. Wir wollten mit der Roadshow »Herzenssache Mitarbeiter« gezielt Inhaber und Geschäftsführer mittelständischer Unternehmen ansprechen, die im Idealfall gemeinsam mit ihren Personalchefs und HR-Verantwortlichen kommen sollten. Wir hatten praktisch in allen Städten ein volles Haus. In Zeiten des Fachkräftemangels hat der Mitarbeiter natürlich eine völlig andere Bedeutung bekommen. Aber diese Roadshow sollte noch einmal neue Akzente setzen. Nach der Roadshow erhielt ich zahlreiche Reaktionen über Social Media. Der Grundtenor lautete: »Sie haben uns die Augen geöffnet. Manches haben wir so noch nicht gesehen.«

Ich durfte damals die Messe »Personal« mit einem Vortrag vor rund 300 Personalchefs eröffnen. Ich hatte den Eindruck, dass mein Publikum noch ziemlich unausgeschlafen war, weshalb ich meinen ursprünglich geplanten Einstiegssatz aus einer Laune heraus kurzerhand änderte: »Guten Morgen, Sie verlieren gerade Ihren Job und kriegen es nicht mit.« Ein Ruck ging durch den Raum, und ich hatte den Eindruck, dass alle hellwach waren. Und dann kam mein Schlüsselsatz: »Viele Unternehmen glauben heute noch, dass sich Mitarbeiter bei ihnen bewerben, doch das Gegenteil ist mittlerweile der Fall. Heute müssen sich Unternehmen bei potenziellen Mitarbeitern bewerben. Und dafür brauchen sie eine eigene Strategie.«

Im Verlauf meiner Roadshow-Vorträge stellte ich mehrere Schlüsselfragen. Eine davon lautete: »Wer von Ihnen hier im Raum hat eine schriftlich ausformulierte Mitarbeiterstrategie, in der aufgezeigt ist, wie er innerhalb der nächsten fünf Jahre zum Wunscharbeitgeber wird?« Keine einzige Hand ging nach oben, obwohl wir Tausende von Teilnehmern bei dieser Roadshow begrüßen durften. Natürlich haben Konzerne heute ein Employer Branding. Doch reicht das bereits aus? Oder muss es weitergehen? Die spannendste Frage, die ich mir im Zuge meiner Überlegungen selbst stellte, lautete: »Gibt es noch weiteres Potenzial der Mitarbeiter, das noch gar nicht erkannt worden ist?« Diese Frage sollte mich noch eine Weile beschäftigen.

Zwischen Mainz und Vegas

Vor ein paar Jahren erhielt ich den Anruf eines IBM-Vorstands. Er fragte mich, ob ich einen Vortrag halten könnte zu den Themen »Mitarbeiterführung« und »Motivation der Zukunft«. Ich antwortete natürlich sofort mit einem überzeugten »Ja«, als hätte ich den Vortrag schon zig Male gehalten. Mit dem letzten Satz sagte er noch: »Denken Sie bitte daran: Wir haben 300 Führungskräftetrainer in unserer eigenen IBM-Akademie. Wir erwarten von Ihnen also etwas Neues.« Dann verabschiedete er sich und legte auf. Das war auch gut so, denn sonst hätte ich den Auftrag wahrscheinlich abgelehnt. Dafür war es jetzt allerdings zu spät. In meiner ersten Reaktion war ich überrascht, denn gerade IBM als amerikanisch geführtes Unternehmen beschäftigt sich ausgesprochen intensiv mit Führungsprinzipien und Motivationsgrundsätzen. Aber es half nichts, ich musste in mich gehen. Ich hatte gerade eine Zusage gemacht, obwohl ich gar nicht genau wusste, wie sie umzusetzen wäre. In meiner Firma machte sich Panikstimmung breit, denn uns wurde immer klarer, dass man sicherlich nicht die bekannten Führungsprinzipien und Muster erwartete. Das konnte deren hauseigene Akademie mindestens genauso gut. Jeder weiß, dass künftig kein Unternehmen ohne motivierte und begeisterte Mitarbeiter existenzfähig ist. Ich habe immer wieder betont, dass wir trotz Digitalisierung in einem Jahrzehnt der Wiederentdeckung des Menschen leben werden. In der »Human Ressource« liegt die stärkste Chance verborgen, ein Unternehmen nach oben zu bringen. Was also sollte ich jenseits der bekannten Methoden und Konzepte im Vortrag zum Besten geben? Was war wirklich neu? Was konnte Mehrwert bieten?

Mein Partner hatte damals die zündende Idee: »Dann beschreiben wir einfach, wie wir unsere eigenen Mitarbeiter motivieren.« Zu diesem Zeitpunkt waren wir rund zehn Mitarbeiter und genossen eine wirklich tolle Stimmung im Unternehmen. Wir waren sofort begeistert, denn wir erkannten, dass es nicht die Theorie wäre, die wir beschreiben, sondern unsere eigene gelebte Praxis. Nach der ersten Euphorie trat allerdings auch wieder Ernüchterung ein, denn die entscheidenden Fragen lauteten: »Was motiviert uns und unsere Mitarbeiter eigentlich? Und kann man daraus ein System entwickeln?«

Wir schwärmten in alle Richtungen aus und versuchten zunächst zu analysieren, warum Mitarbeitermotivation heute etwas anderes ist als in der Vergangenheit. Wir stellten sehr interessante Parallelen zu dem Begriff »Zeit« fest. Welche Bedeutung hat Zeit im Zusammenhang mit Motivation? Sehr einfach, Sie brauchen nur das Wort »frei« oder das Wort »Arbeit« vor das Wort »Zeit« zu setzen, und schon erhält der Begriff »Zeit« eine völlig andere Bedeutung. Ich gehe davon aus, dass Freizeit in Konkurrenz zur Arbeitszeit steht und dass viele Menschen heute viel mehr zur Freizeit tendieren und in dieser Zeit auch nicht bereit sind, über die Arbeit nachzudenken. Und ich glaube fest daran, dass Unternehmen einen entscheidenden Einfluss darauf haben, was ihre Mitarbeiter bevorzugen. Deshalb fand ich die gesamten Ansätze zum Thema Work-Life-Balance auch nicht zielführend, weil ich nicht glaube, dass wir Arbeit und Leben klar voneinander trennen können.

Ich will keine Work-Life-Balance. Ich will meine Life Balance und die Möglichkeit, mich selbst sinnvoll einbringen zu können.

Ich höre jetzt schon den Aufschrei der Gewerkschaftler, die Reaktion auf alle Regeln, die nun gebrochen werden. Diese alten Regeln mögen vielleicht noch für einen Konzern gelten, was ich inzwischen auch bezweifle, aber für ein Start-up würde das Denken in solchen Prinzipien den Tod bedeuten. Freizeit konkurriert mit Arbeitszeit und jeder Einzelne entscheidet darüber, wer diesen Kampf gewinnt. Das bedeutet, dass alle Aktivitäten so auszurichten sind, dass der Mitarbeiter mehr Spaß daran hat, in der Firma zu sein. Wir wissen heute aus zahlreichen Studien, dass Menschen mit sehr viel Freizeit keine Spur glücklicher sind.

Als wir ins Silicon Valley reisten, war Las Vegas unsere erste Station. Wir besuchten dort die Firma Zappos, ein Online-Shop für Schuhe und Modeartikel. Zappos galt schon damals als Extrembeispiel für Mitarbeitermotivation und Führung. Das dortige System wird in Deutschland vermutlich nicht umsetzbar sein, denn die Mitarbeiter von Zappos genießen extrem viele Freiheiten. Sie entscheiden, wann sie arbeiten, wann und ob sie Urlaub nehmen und wie ihr Arbeitsplatz aussieht. Die Mitarbeiter sind absolut glücklich und hoch motiviert. Für sie ist das Wochenende eine Unterbrechung ihrer Arbeitszeit und der Zeit, die sie gemeinsam verbringen. Es wird gemunkelt, dass Amazon das Unternehmen 2009 für 850 Millionen US-Dollar gekauft hat, um hinter das Geheimnis der internen Motivation zu kommen. Zappos hat erkannt, dass die meisten Konflikte darauf beruhen, dass Uneinigkeit über Zuständigkeiten und Hierarchien besteht. Deshalb sind die Hierarchien dort flacher als flach. Es gibt schlicht und einfach keine. Jeder sieht den Kunden als Vorgesetzten an. Nicht von ungefähr lautet deshalb der Unternehmensslogan »Powered By Service«.

Mein persönliches Motto lautet: »Ich finde die 40-Stunden-Woche toll.« Ich finde sie so toll, dass ich sie gleich zweimal pro Woche mache, wenn es meine Zeit erlaubt. Ohne freiwilligen Mehreinsatz, ohne engagierte Mitarbeit und ohne den gewissen Hauch Biss und Besessenheit kann man heute hochgesteckte Ziele nicht mehr erreichen. Ich besuche in letzter Zeit immer häufiger Start-ups im Softwarebereich. Am Anfang war ich überrascht, dass es auf allen Fluren und Gängen Körbe mit Gummibärchen, Schokoriegeln, Erdnüssen, Bananen und Äpfeln gab. Ich fragte mich, ob diese Leckereien und gesunden Sachen einem womöglich den Weg zum Besucherzimmer versüßen sollten. Doch dann stellte ich fest, dass diese Körbe im ganzen Unternehmen verteilt waren. Jeder Mitarbeiter nahm sich im Vorbeigehen was Leckeres mit. Einmal tauchte ein Mitarbeiter einer Reinigungsfirma auf und brachte einen gereinigten Anzug und gebügelte Hemden zurück. Auf einem Tisch sah ich noch die Reste einer Geburtstagstorte. Da wurde mir bewusst, dass Arbeitsleben und Privatleben – richtig verstanden und richtig gelebt – auf der gleichen Idee basieren: Spaß am Leben zu haben. Die meisten der Mitarbeiter, die ich in letzter Zeit in jungen Unternehmen kennengelernt habe, sind weniger auf Geld fixiert als vielmehr darauf, Bestandteil einer großen Idee zu sein, eine echte Herausforderung zu bewältigen. Dabei zu sein, wenn etwas Neues geschaffen wird. Und vor allem genießen sie die Bestätigung durch Mitarbeiter und Kunden, wenn Wissen zum zentralen Erfolgsfaktor wird.

Zurück zum IBM-Vortrag. Passenderweise fand diese Veranstaltung im November statt, und zwar am 11.11. Alle Karnevalisten kennen dieses Datum, denn pünktlich um 11.11 Uhr beginnt an diesem Tag alljährlich die Faschingssaison. Besonders pünktlich in der Karnevalshochburg Mainz, wo der Vortrag stattfand. Wir hatten den kleineren Saal mit rund 300 IBM-Managern gefüllt; der große Saal nebenan war für die Mainzer Fastnacht-Gesellschaft reserviert. Damit war klar, was um 11.11 Uhr im Raum nebenan passieren würde. Interessanterweise war mein Vortrag auf 11.00 Uhr terminiert. Und das war nicht als Scherz gedacht.

Versetzen Sie sich in meine Lage: Was wird gleich nebenan passieren? Glücklicherweise verzögerte sich der Start meines Vortrages immer mehr, der Vorstand sagte noch ein paar eröffnende Sätze. Dann war ich dran. Ich erhebe mich, und auf dem Weg zur Bühne kommt mir ein Einfall. Die

Wanduhr zeigt 11.10 Uhr. Ich stelle mich hinter das Rednerpult und sage – nichts.

Die Menschen im Publikum schauten mich und sich gleichermaßen verwundert an. Ein Teilnehmer rief: »Schalten Sie bitte das Mikrofon ein!« Ich erlebte die längsten 60 Sekunden meines Lebens. Doch es lohnte sich, mein Plan ging auf: Um 11.11 Uhr begannen im Nebenraum Menschen zu lachen, zu klatschen und zu singen. Als der Lärm langsam nachließ, sagte ich: »Meine sehr verehrten Damen und Herren, ich kann die Bühne jetzt wieder verlassen. Das Führungsmodell der Zukunft haben Sie gerade aus dem Raum nebenan gehört: Spaß! Wenn es Ihnen gelingt, Spaß in Ihrer Firma zu integrieren, haben Sie gewonnen!«

Selten habe ich so viele verblüffte Gesichter gesehen wie in diesem Moment. Was hat denn bitte schön eine Karnevalsgesellschaft mit dem erfolgreichen Unternehmen IBM zu tun? Ich war überzeugt: sehr viel. Überlegen wir einmal: Was kann eine Firma heute bieten und leisten, damit Mitarbeiter nicht nur zur Arbeit kommen, sondern freiwillig länger bleiben und auch am Wochenende in ihrer Freizeit Ideen entwickeln? Die Antwort ist für jedes Unternehmen eine andere. Für viele Unternehmen habe ich diese Antwort bereits suchen und finden dürfen.

Im Führungsseminar bitte ich die Führungskräfte aufzuschreiben, was nach ihrer Meinung eine Familie ausmacht. Sehr schnell sind viele Schlagworte zusammengekommen: Vertrauen, gegenseitige Hilfe, offene Worte, Liebe, Verständnis. Dann bitte ich darum, das Wort Familie zu streichen und durch Firma zu ersetzen. Wenn Sie jetzt Schlagworte herausnehmen oder hinzufügen, dann müssen wir reden. Eigentlich gelten die gleichen Spielregeln der Zusammenarbeit und des Zusammenlebens. In unserem eigenen Unternehmen war damit ein neuer Führungsstil geboren: das Clienting-Leadership-Konzept. Wir stellen damit den einzelnen Mitarbeiter in seiner gesamten Individualität in den Mittelpunkt. Sowohl Familien als auch Firmen sollten das Wohl der Menschen im Blick haben. Als Führungskraft muss ich dafür sorgen, dass meine Mitarbeiter selbst erfolgreicher werden. Die Führungskräfte von morgen sind keine Befehlsgeber, sondern Coaches.

In den nächsten zehn Jahren wird das Verständnis von Arbeitszeit und Freizeit eine sehr entscheidende Rolle spielen. Das agile Unternehmen kennt längst nicht mehr die klare Aufteilung. Immer mehr Spezialisten sind Freelancer und müssen vernetzt mit dem Unternehmen arbeiten können. Das klassische Modell eines Mitarbeiters, der einen unbefristeten Arbeitsvertrag erhält, wird immer seltener werden. Entscheidend wird deshalb die Herausforderung sein, wie wir Teams zusammenstellen. Es gibt mittlerweile sehr viele Branchen, in denen Spezialisten ausgesprochen rar sind, weshalb solche Spezialisten hoch dotierte Arbeitsverträge erhalten. Viele von ihnen sehen gern davon ab, sich in ein Angestelltenverhältnis fesseln zu lassen. Die neue Generation der Mitarbeiter oder Co-Worker – wie immer wir sie auch nennen wollen – sind eher Mitunternehmer, die heute völlig anders geführt und motiviert werden müssen und wollen.

Lassen Sie uns jetzt in eine neue Motivationswelt einsteigen. Durch die vielen Gespräche mit Führungskräften in Unternehmen habe ich festgestellt, dass es oft die gleichen Chancen und Risiken sind, die Mitarbeiter entweder in den Himmel hineinwachsen lassen oder zu einer inneren Kündigung führen. Zum besseren Verständnis nenne ich noch einmal das wesentliche Motiv, das mich damals dazu gebracht hat, mich in die Selbstständigkeit zu verabschieden. Ich begann meine Laufbahn als Stahlverkäufer bei Klöckner in Duisburg. Es hat mir so viel Spaß gemacht, dass ich noch ein Angebot für unseren Vertreter im Iran geschrieben habe, als meine Kollegen bereits meinen Ausstieg feierten. In den vier Jahren meiner Tätigkeit bei Klöckner hatte ich immer das Gefühl, hoch motiviert zu sein. Eine kleine Episode legte dann den Schalter um. Aber der Reihe nach.

Ich musste eines Tages – wie so oft – abends länger arbeiten und noch einige Angebote schreiben, weil wir in einigen Ländern aufgrund der Zeitverschiebung früher starteten. An diesem Abend war ich allerdings erst um 21.30 Uhr fertig. Ich ging runter zum Haupteingang und wollte die schmiedeeiserne Tür öffnen, doch sie war bereits verschlossen. Ich befürchtete schon, die Nacht im Büro verbringen zu müssen, als glücklicherweise ein älterer Herr mit Mantel und Hut auftauchte. Ich wusste nicht, wer sich abends um diese Zeit regelmäßig im Gebäude aufhält. Ich dachte, er wäre der Pförtner, der sich nach dem Schichtwechsel verabschiedet. Ich war müde und forderte ihn in einem möglicherweise nicht allzu sanften Tonfall auf, doch bitte die Tür zu öffnen. Er zog sein Schlüsselbund aus der Manteltasche und öffnete wortlos die Tür.

Am nächsten Morgen wurde ich zum Chef zitiert. Er herrschte mich an und wollte wissen, was sich da am Vorabend abgespielt hatte. Ich war mir keiner Schuld bewusst und wusste auch nicht, worauf er hinauswollte, weshalb ich die Ereignisse lückenlos Revue passieren ließ. Daraufhin fing er laut an zu lachen und klärte mich auf: »Das war nicht der Pförtner, Herr Geffroy, das war Herr Henle, der Inhaber unseres Unternehmens.« Als Herr Henle morgens ins Büro kam, wollte er wissen, wer der junge Mann mit dem Schnurrbart war, dem er am Vorabend die Tür aufgeschlossen hatte. Durch diese am Ende doch noch positive Anekdote habe ich mein eigenes Image bekommen, und meine Motivation erhielt einen echten Langzeit-Booster.

Eine andere Episode löste dann doch meine Kündigung aus. Meine Führungskraft sagte mir immer wieder: »Jeder ist ersetzbar.« Das mag aus damaliger Sicht vielleicht sogar gestimmt haben. Mich demotivierte dieser Satz allerdings, insbesondere aber seine ständige Wiederholung. So sehr, dass ich ernsthaft die Kündigung erwog. Nur dieser eine Satz. Wenn ich diesen Satz heute in einer Firma höre, dann weiß ich, dass die Motivation halbiert ist und folglich doppelt so viele Mitarbeiter benötigt werden, um das Gleiche zu schaffen. Für mich ist es der Killersatz Nummer 1. Als ich ihn damals zum ersten Mal hörte, dachte ich bereits: »Wenn ich wirklich nichts wert bin, wenn ich wie eine Nummer ausgetauscht werden kann, dann soll er doch seinen Kram allein machen.«

Schlüsselsätze können also offensichtlich weitreichende Handlungsprozesse auslösen. Wir können diesen Ansatz allerdings auch positiv nutzen.

Also haben wir mehrere Schlüsselsätze zur Führung und Motivation entwickelt. Der erste lautet: »Ich brauche Sie.« Das mag ein Satz sein, der vielleicht dahingesagt klingen mag, der aber als Schlüsselsatz zu fantastischen Ergebnissen führen kann. Und wir alle wissen, dass für jeden Menschen Anerkennung eines der wichtigsten Handlungsmotive ist. In dem Moment, in dem man einem Mitarbeiter – und nach unserer Definition sogar einem Partner – das Gefühl vermittelt, dass er gebraucht wird, wird er im Team eine wichtige Rolle spielen und als Mensch über sich hinauswachsen. Sie haben mit einem solchen Satz einen entscheidenden Motivationsschlüssel in der Hand. Natürlich wird es immer Empfänger geben, die ein sehr hohes Selbstwertgefühl haben, und andere, die überhaupt nicht an sich selbst glauben. Die Aufgabe der Führungskraft ist es, sensibel klarzumachen, dass man akzeptiert und gebraucht wird.

Der zweite Schlüsselsatz lautet: »Ich verlasse mich auf Sie.« Dieser einfache Satz hebt das Wertgefühl des Mitarbeiters, der dann denkt: »Wenn er weiß, dass ich etwas Wichtiges für ihn tue, kann er sich auf mich verlassen. Ich bin in seinen Augen wichtig.« Es sind einfache Botschaften, die Menschen motivieren. Sicher gibt es auch andere Konzepte der Führung, die auf eher menschenverachtenden Prinzipien basieren. Doch erstens glaube ich nicht, dass sie in der heutigen Zeit überhaupt noch eine Chance haben, und zweitens, dass der Ruf diesem Unternehmen weit vorauseilen wird, weshalb sich Mitarbeiter gar nicht erst bei diesem Unternehmen bewerben werden.

Ich bin immer noch davon überzeugt, dass der Führungsanspruch der Zukunft heißt: »Wie führt sich das Unternehmen selbst als Team?« Und nicht: »Wie führe ich oder wie führt das Management das Unternehmen?« Das ist auch der Grund, weshalb ich beim Aufbau meines Unternehmens klassische Führungsstrukturen stets strikt abgelehnt habe. Ich gehe so weit, dass jeder Mitarbeiter im Unternehmen eine Ergebnisverantwortung hat, die Verantwortung, den Erfolg des Unternehmens gemeinsam mitzugestalten. Das bezieht die Sekretärin genauso ein wie den Buchhalter.

Stellen Sie sich einmal vor, Ihre Mitarbeiter haben Spaß daran, im Team gemeinsam kreativ zu sein und ihr Wissen mit einbringen zu können. Stellen Sie sich einmal vor, Sie haben Mitarbeiter, die nicht ab 16.30 Uhr schauen, ob sie ihre Sachen schon einpacken können, weil um 17.00 Uhr offiziell Feierabend ist. Stellen Sie sich einmal vor, Sie haben keine Einstellungssorgen, weil sich Leute bei Ihnen aktiv bewerben und sagen: »Ich habe mitbekommen, dass das, was Sie hier machen, eine gute Sache ist. Ich möchte gern mitmachen und Teil des Teams werden.«

Wir brauchen heute keine Maschinen und Anlagen mehr, denn unsere Fabrik misst meistens nur noch 20 mal 20 Zentimeter. Das ist der eigene Kopf. Unser Wissen ist das größte Kapital der Zukunft. Sehen wir zu, dass wir es konsequent vermehren.

KAPITEL 9
DIE MITARBEITERBASIERTE WISSENSKULTUR

... und die entscheidende Rolle der Wissenskrieger

Die Grundidee meiner neuen Knowledge-Clienting-Strategie hätte durchaus auf einer DIN-A5-Seite Platz, wenn es nicht doch ein wenig komplexer wäre. Es ist ein kybernetischer Ansatz, der zuerst den Mitarbeiter in den Mittelpunkt stellt und darauf aufbauend eine neue Zukunftsstrategie entwickelt, die Wissen als neuen zentralen Wettbewerbsvorteil für Kunden definiert und damit eine Möglichkeit schafft, aus der Vergleichbarkeit herauszukommen. Dafür ist es entscheidend, eine mitarbeiterzentrierte Führungskultur aufzubauen. Ich nenne es Knowledge Clienting Leadership – es ist das Modell der Zukunft. Bereits heute sehe ich die Mitarbeiter mit den gleichen Augen wie die Kunden. Für mich sind Kunden und Mitarbeiter zwei Seiten der gleichen Medaille. Deshalb können auch alle Regeln der Clienting-Strategie auf Mitarbeiter übertragen werden.

Mittlerweile setzen sich viele Einzelbausteine zu einem Gesamtbild zusammen. Kurz nachdem ich mit der Clienting-Strategie den Kunden in den Mittelpunkt gestellt hatte, kam die bereits erwähnte Studie von Xerox heraus. In dieser Studie wurde offenbart, dass es eine neue Prioritätenliste gibt, die Unternehmen erfolgreicher macht. Xerox war das erste Unternehmen, das Kundenzufriedenheit vor Profit stellte. Die neue Reihenfolge lautete jetzt: Mitarbeiterzufriedenheit schafft Kundenzufriedenheit und das wiederum eine höhere Profitabilität.

Die Grundidee meines damaligen Buches *Schneller als der Kunde* war, sich mit dem Thema Innovation neu auseinanderzusetzen. Ich hatte Zweifel daran, ob der klassische Weg der Innovation mit internen Abteilungen und Marktforschung noch der richtige wäre. Ich definierte einen neuen Begriff: »Exnovation«. Damit meinte ich die Prozesse, die von außen auf die internen Innovationsprozesse einwirken. In diesem Buch beschrieb ich, dass Unternehmen andere Wege gegangen sind, um Innovation neu zu definieren. Aus dem Begriff »Exnovation« ist heute »Open Innovation« geworden. Ein anderer Begriff, aber die gleiche Grundidee.

Während ich dieses Buch schrieb, wurde eine Studie von IBM veröffentlicht, in der festgestellt wurde, dass von den drei wichtigsten Faktoren für Innovation zwei außerhalb des Unternehmens liegen. Das war Wasser auf meine Mühlen, hatte ich doch jetzt endlich eine Bestätigung für meine These. Diese beiden externen Faktoren sind die Kunden und die Partner. Auf Platz 1 dieser Studie standen damals die Mitarbeiter.

Durch die Roadshow mit Dell wurde mir bewusst, dass wir über Mitarbeiter völlig neu denken und entsprechend handeln müssen. Natürlich existieren mittlerweile eine Unmenge an Konzepten, die den Mitarbeiter ernstnehmen und eine neue Generation von Führungskräften und Managern ausrufen. Begriffe wie Digital Leadership, Social Leadership, Future Leadership und Emotional Leadership machen die Runde, um nur einige zu nennen. Der Managementguru Peter F. Drucker hatte mit seinem Führungskonzept »Management by Objectives« bereits 1954 weltweites Ansehen erlangt. Mit diesem Konzept konnte er bekanntlich eine ganze Generation von Managern motivieren und begeistern. Doch ich hatte bereits während der Dell-Roadshow das Gefühl, dass noch etwas ganz Entscheidendes fehlte. Irgendwann begriff ich es dann schließlich: Die Lösung liegt in der digitalen

Welt. Die Lösung liegt auch in der Antwort auf die Frage, warum Die großen Vier (Google, Apple, Facebook und Amazon) es geschafft haben, zu Türstehern der Wirtschaft zu werden. Sie haben auf Big Data gesetzt und damit die Welt erobert. Heute wissen diese Unternehmen mehr über uns als wir selbst.

Meine daraus resultierende Forderung lautet: »Brain Data statt Big Data«. Diese Unternehmen haben einen Wissenskrieg gegen uns geführt – und ihn haushoch gewonnen. Und wir haben es noch nicht einmal mitgekriegt. Wir sind sogar bereitwillig Kunden dieser Unternehmen geworden und sorgen so dafür, dass deren Wissenssysteme permanent erweitert werden können. Nicht ihre tollen Produkte und Angebote, sondern Big Data hat den Erfolg dieser Unternehmen erst möglich gemacht. Künftig wird ein anderer Ansatz diesen Erfolgen den Boden bereiten: Brain Data. Brain Data ist das Wissen, das in den Köpfen der Mitarbeiter darauf wartet, genutzt zu werden. In den meisten Fällen ist dieses Wissen weder organisiert noch strukturiert oder systematisiert. Damit wird der Mitarbeiter zum wichtigsten Innovationsträger erfolgreicher Unternehmen der Zukunft und zur Basis zukünftiger Wachstumserfolge. Wenn wir eine eigene Konjunktur schaffen wollen, brauchen wir Mitarbeiter, die ihr Wissen zum Vorteil des Kunden einbringen.

Damit schließt sich der Kreis: Wir brauchen nicht nur motivierte und begeisterte Mitarbeiter, sondern Wissenskrieger, die im Aufbau einer kollektiven Intelligenz Chancen sehen. Jeder Mitarbeiter wird gefordert sein, sich vollumfänglich einzubringen. Es ist für jeden Mitarbeiter sehr motivierend, wenn er sich mit seinem Wissen in das Unternehmen einbringen kann, weil jeder danach strebt, in dieser Welt etwas zu bewegen. Diese Strategie gibt ihm die Möglichkeit, aus der Anonymität heraus unabhängig von Hierarchien eine neue Sichtbarkeit im Unternehmen zu erlangen. Das fordert Unternehmen in einem zentralen Punkt heraus: Wenn Erfolge jenseits der Hierarchien möglich sind, dann müssen auch Führungskräfte ein anderes Rollenverständnis akzeptieren. In einem Unternehmen, in dem der Aufbau des Brain Capitals dazu dient, eine kollektive Intelligenz aufzubauen, verlieren Führungskräfte auf den ersten Blick Macht. Die Macht, darüber entscheiden zu können, welche Informationen wertvoll sind und welche nicht, welche Informationen weitergeleitet werden sollen und welche nicht.

Überlegen wir einmal, welche Vorteile diese Denkweise hat. Neu eingestellte Mitarbeiter müssen nicht mehr für sich selbst ihre Erfahrungen mit Quellen machen, bevor sie selbst in Lernprozesse einsteigen dürfen. Spezialisten in München können jetzt auf das Expertenwissen der Kollegen in Köln zugreifen. Bisher hing Lernerfolg davon ab, einen Wissenden zu kennen, den man anrufen konnte. Oder man musste jemanden kennen, der jemanden kannte. Zukünftig sind auch die Erfahrungen der Mitarbeiter verfügbar, die das Unternehmen bereits verlassen haben. Dieses einst teuer generierte Know-how ist nicht mehr endgültig verloren. Neuen Mitarbeitern kann abrufbereites Expertenwissen ab Tag 1 zur Verfügung gestellt werden. Die neue Wissenskultur kann ihn sofort begeistern.

Kürzlich machte der Vorstandsvorsitzende einer Bank den Vorschlag, einen Offboarding-Prozess einzuführen. Mit dem Aufbau von Brain Capital kann auch das perfekt gelöst werden. Product Launches können zukünftig in Echtzeit auf bestehendes Know-how zugreifen, was dem Verkaufsteam sofortiges Agieren und Reagieren ermöglicht. Bei Veränderungsprozessen kann man das Wissen ebenfalls unmittelbar nutzen. Und bei einer Unternehmensfusion ist endlich kein Vakuum mehr zu befürchten. Mitarbeiter sparen in Unternehmen Millionen an Kosten, weil man durch direkten Zugriff die richtigen Antworten von überall abrufen kann. Die Lernkosten können erheblich reduziert werden, weil dieses Wissen jedem ständig zur Verfügung steht. Und der größte Vorteil: Es wird Wissen generiert und abgerufen, um das Unternehmen im Sinne des Kunden voranzubringen. All diese prägnanten Vorteile sprechen eine deutliche Sprache.

Alle zwei Jahre befragt IBM mehr als 2.000 CEOs weltweit und fragt die Prioritäten der Firmenchefs ab. Diese Studie hatte mir bereits beim Start meiner Clienting-Strategie geholfen. Dieses Mal ist der eindeutige Trend zu erkennen, dass führende Unternehmen den Kern ihrer Mitarbeiterstrategie revolutionieren. Sie implementieren eine Wissenskultur, in der Mitarbeiter schneller, flexibler und selbstgesteuerter lernen, arbeiten und kommunizieren. Für die Champions der Zukunft ist eine solche Mitarbeiterfokussierung die Grundlage, um dem Kunden Innovationskraft zu beweisen. Mit einem Satz gesagt: Der Mitarbeiter ist die wichtigste Innovationsquelle. Wir haben daraus ein magisches Dreieck aus den Elementen Wissen, Kunden und Mitarbeiter entwickelt.

Wissen: Brain Data statt Big Data. Insiderwissen wird zum Schlüsselfaktor.

Kunden: Unser Geschäft ist es, zu helfen, dass unsere Kunden selbst bessere Geschäfte machen. Das ist auch die Grundidee der Clienting-Strategie.

Mitarbeiter: Unsere Aufgabe ist es, unsere Mitarbeiter erfolgreicher zu machen.

Wir nennen es »das magische Dreieck des Wachstums«. Heute sind Unternehmen gefordert, eine wissensbasierte Mitarbeiterkultur aufzubauen. Die Schlüsselfrage lautet: Wann ist ein Mitarbeiter bereit, sein Wissen vollumfänglich einzubringen? Die Antwort: Wenn er das Gefühl hat, dass er höchste Wertschätzung genießt, Teil einer Vision ist und das Unternehmen eine Unternehmenskultur pflegt, die ihm den Wissenstransfer ermöglicht. Oder noch deutlicher gesagt: Die Unternehmenskultur schafft die Wissenskultur. Deshalb habe ich auch in den vorherigen Kapiteln so großen Wert darauf gelegt, die richtige Unternehmenskultur und das richtige Führungsmodell zu entwickeln. Ohne diese grundlegenden Voraussetzungen kann Brain Data sonst gar nicht erst entstehen.

Allerdings kostet der Wandel Zeit. Wenn sich Unternehmen damit identifizieren können, den Weg einer wissensbasierten Unternehmenskultur zu gehen, wäre es ein langer Weg, denn zuerst einmal müssen alle von dieser Strategie überzeugt werden. Wenn Sie allerdings Ihre eigene Konjunktur machen wollen, führt kein Weg daran vorbei. Erste Unternehmen gehen diesen Weg bereits. Ein Vorstand der Volkswagen AG berichtete während eines Vortrags zur Einführung des neuen ID.3, dass das Fahrzeug innerhalb von fünf Jahren mit dem eigenen Team ohne das Know-how externer Unternehmensberatungen entwickelt wurde. Die Roadmap ist die richtige, aber als Unternehmensberater möchte ich an dieser Stelle eine Lanze für meinen Berufsstand brechen. Ich bin fest davon überzeugt, dass der Blick von außen bei solchen Projekten zahlreiche zusätzliche kreative Ideen einbringen kann. Internes Wissen kann ein Produkt erschaffen. Ob es allerdings dann auch tatsächlich das bestmögliche ist, wage ich zu bezweifeln. Wen immer Sie auch fragen: In jedem Autotest auf YouTube wird bemängelt, dass Automobilhersteller sämtliche Dreh- und Einstellknöpfe durch Wischen auf dem Display ersetzen. Manchmal ist ein Schritt nach vorn ein Schritt zurück. Wer am Kunden vorbeidenkt, muss auch bereit sein, sich und seine Entscheidungen irgendwann selbst zu hinterfragen.

Beim Start meines Unternehmens begleitete ich sehr häufig Verkäufer bei ihrer täglichen Arbeit und beobachtete, wie sie mit ihren Kunden kommunizierten. Nach den Kundengesprächen gab es dann im Auto konstruktive Manöverkritik. Bei einer solchen Gelegenheit sagte ein Verkäufer zu mir: »Ich habe in fünf Minuten einen Termin bei Karmann und bin 30 Prozent zu teuer. Jetzt lassen Sie mal die Theorie weg und sagen Sie mir, wie ich gleich im Verkaufsgespräch argumentieren soll.« Ich habe mit ihm eine Idee entwickelt, die ihm den ersehnten Auftrag tatsächlich verschafften konnte. Aber in diesem Moment hatte ich auch die Idee für mein erstes Buch: *Schreib ein Buch, das keiner lesen muss.* Verrückt, aber wahr. Es sollte ein Buch sein, das man nur dann liest, wenn man eine konkrete Frage hat. Und so nannte ich das Buch *Verkaufserfolge auf Abruf. Die 1-Seiten-Methode. Über 1.000 Antworten auf 200 Fragen, die Verkäufer heute bewegen.* Das Lesen einer Seite dauerte maximal fünf Minuten. Das Verkaufswissen stand auf Abruf zur Verfügung. Man konnte es an einer Ampel lesen. Ich habe mit folgendem Slogan dafür geworben: »Das erste Buch, das Sie kaufen, aber nicht lesen müssen«. Ich hatte ein Verkäuferlexikon erfunden. Und tatsächlich: Im ersten Jahr wurden 10.000 Bücher eines unbekannten Autors verkauft.

Bei den Vorbereitungen und den Recherchen für die Wissenskrieger-Idee machte ich mir noch einmal bewusst, dass ich selbst einmal ein einfaches und praktikables Wissenssystem entwickelt hatte. Und das basierte ebenfalls auf Fragen. Fragen und die richtigen Antworten sind der Schlüssel für eine wissensbasierte Mitarbeiterkultur. Während meiner Silicon-Valley-Reise wurde von den Firmengründern auch immer wieder betont, dass man die richtigen Fragen stellen muss, um andere Antworten zu erhalten. Das deckt sich mit den Erfahrungen aus unseren Strategieworkshops. Wir stellen andere Fragen, weil wir oft die Details der Branche nicht kennen, und erhalten dann Antworten, die die Teilnehmer des Workshops selbst verblüffen. Wir locken mit anderen Fragen Antworten aus unseren Kunden, die so noch nie formuliert wurden. Das war oft die Grundlage einer neuen Zukunftsstrategie.

Menschen sind im Wandel. Sie haben ein neues Verständnis für Wertesysteme und andere Ansprüche entwickelt. Diesen Wandel müssen wir in unserer Strategie berücksichtigen. Wenn der Mitarbeiter zum Innovationstreiber wird, können wir seine kreative und emotionale Intelligenz nutzen. Das wird den Unterschied ausmachen in Abgrenzung zur künstlichen Intelligenz. Mir ist es noch einmal wichtig, deutlich zu machen, dass ich eine klare Koexistenz zwischen der künstlichen Intelligenz und der Brain Intelligence sehe. Deshalb habe ich auch die Firma Brain Intelligence neu gegründet. Geschäftszweck der Firma ist es, Brain Capital als entscheidenden Erfolgsfaktor zu etablieren. Für mich persönlich schließt sich damit auch ein Kreis: Ich bin in einer Welt groß geworden, in der es um das eigene Ich und den eigenen Vorteil gegangen ist. Nur das zählte. Nach meiner persönlichen Überzeugung ist das Unternehmen, das mich auf diese Art und Weise schulte, auch daran gescheitert. Vielleicht war es auch eine frühe Erkenntnis, nicht vom eigenen Standpunkt auszugehen und sich durch den eigenen Egoismus leiten zu lassen, sondern sich auf den anderen einzustellen. Jenseits des Egoismus. Man könnte heute sagen, dass diese Grundidee auch eine wesentliche Grundlage der Clienting-Strategie geworden ist.

Vom Ich zum Du. Man könnte jetzt sagen: Wir wandeln uns vom Ich und Du zum Wir. Viele Themen werden wir nur gemeinsam bewältigen können. Und gerade aktuelle Themen außerhalb der Wirtschaftswelt sind nur lösbar, wenn wir sie gemeinsam anpacken. Wäre es nicht logisch und zielführend, damit in unseren eigenen Firmen anzufangen? Und je eher Sie durchstarten, desto eher werden Sie die Erfolge einer mitarbeiterzentrierten Wissenskultur messen können.

KAPITEL 10
PARADIGMENWECHSEL IN DER KUNDENORIENTIERUNG

... und die neue Sichtweise des Kunden

Erinnern Sie sich noch an den Fall der Berliner Mauer im Jahre 1989? Und die Begeisterung der Menschen, die sich in den Armen lagen und gemeinsam feierten? Eine ähnliche Situation steht uns in der Kundenorientierung bevor. Nämlich dann, wenn sich alle von Herzen dafür einsetzen, dass der Kunde besser leben kann.

Ich habe dieses Bild bewusst gewählt, weil es eine schöne Metapher bietet für eine der größten Herausforderungen in der heutigen Kundenwelt. Aus meiner Sicht ist es die größte Chance und gleichzeitig das größte Risiko für zukunftsorientierte Unternehmen. Unternehmen leben heute noch mehrheitlich in einer Zeit vor dem Fall der Berliner Mauer – so hart das auch klingen mag. Über Jahrzehnte wurde eine Denkkultur in den Unternehmen etabliert, die im Wesentlichen ausschließlich von innen nach außen dachte und handelte. Hinter der Mauer des eigenen Unternehmens war und ist in den meisten Fällen jedoch noch der Kunde. Der wird bestenfalls mal kurz beachtet, doch sobald ihm der Rücken zugedreht wird, ist alles wieder beim Alten.

Hier sehe ich die größte Herausforderung für heutige Unternehmen. Jetzt leben wir in einer Welt, in der die allermeisten Produkte austauschbar geworden und die Preise kaputt sind und das Internet zu einem ernstzunehmenden Wettbewerber geworden ist. Dringendes Handeln ist jetzt vom Topmanagement gefordert, diese Mauern endlich mit Entschlossenheit niederzureißen. In größeren Unternehmen scheitert Kundenorientierung meist daran, dass einzelne Abteilungen »ihr Ding« machen und an den Schnittstellen zum Kunden nicht zusammenarbeiten. Eine der größten Banken der Bundesrepublik offenbarte in einer solchen Situation anlässlich eines Coaching-Tages durch mein Unternehmen ein solches Defizit. Wir wurden gebeten, ein Konzept zu prüfen, das dem Kunden einen völlig neuen Stellenwert in der Bank geben sollte. Dieses Konzept war allerdings als Gesamtlösung so nicht zu gebrauchen. Auf meine Frage, ob denn die beiden involvierten Abteilungen bei dieser zentralen Frage jemals zusammen an dem Konzept gearbeitet haben, bekam ich die unglaubliche Gegenfrage: »Glauben Sie, das wäre nötig gewesen?« Es ist fast nicht nachvollziehbar, aber Fakt. Das Ganze liegt zwar schon zehn Jahre zurück, aber ich glaube, dass die gleichen Mauern heute noch in vielen Unternehmen existieren. Erst wenn das Topmanagement erkennt, dass es einen dringenden Handlungsbedarf gibt, komplett neu zu denken, die Synergien zu nutzen, die intern brachliegen, um sich dann auf eine ganz neue Art und Weise dem Kunden öffnen zu können, können wir den zweiten Schritt gehen. Und zwar den Schritt, die Mauern zwischen Unternehmen und Kunden niederzureißen und daraus eine neue Geschäftskultur zu entwickeln, die offen für den Kunden ist – und den Kunden zu einer Herzenssache macht. Nach meiner Überzeugung werden Unternehmen in den kommenden Jahren, die noch deutlicher von digitaler Transformation geprägt werden, nur dann die Chance haben, ganz vorne mitzuspielen. Ich plädiere deshalb für einen radikalen Umbau der Unternehmen hin zu einer neuen Form der Kunden- und Mitarbeiterzusammenarbeit. Es ist für mich der radikalste Umschwung in den Köpfen der Unternehmen, der nun neuen Spirit und Konsequenzen fordert.

Verstehen Sie mich bitte nicht falsch: Ich zweifle nicht daran, dass man sich bereits viel intensiver mit dem Kunden auseinandersetzt, als es noch vor zehn Jahren der Fall war. Aber selbst das wird heute nicht mehr reichen. Der Grund dafür ist naheliegend: Durch die rasanten Entwicklungen und diversen Möglichkeiten der digitalen Welt sind viele grundlegende Ansätze mehr als renovierungsbedürftig geworden. Meine Kritik an den klassischen Unternehmen der alten Welt ist, dass sie von innen nach außen handeln. Heute ist es jedoch erforderlich, dieses System auf den Kopf zu stellen. Wer in der zukünftigen Welt erfolgreich sein möchte, muss alle Kräfte an der Schnittstelle zum Kunden bündeln und konsequent von außen nach innen handeln. Wer etwas wirklich Geniales erfinden möchte, darf nicht auf Marktforschungen hören, sondern auf seine Bestandskunden. Die Menschen, die Ihre Produkte und Dienstleistungen tagtäglich nutzen. Hören Sie Ihren Kunden gut zu. Hören Sie vor allem auf das, was diese zwischen den Zeilen sagen. Erst dann sollten Sie anfangen, neue Ideen, Lösungen und Produkte zu entwickeln – und zwar mit den Augen Ihrer Kunden.

Um das zu erreichen, braucht es eine neue Form der Offenheit in den Unternehmen. Offenheit für Kritik und für neue Ideen, die Ihre Kunden im Kopf haben. Denn in Zukunft werden Sie noch genauer wissen müssen, was Ihre Kunden denken, wie sie fühlen und was sie bewegt, wenn sie etwas von Ihnen kaufen. Sie müssen im Kopf Ihrer Kunden spazieren gehen und ein Bestandteil ihres Lebens werden. Nur so können Sie verstehen, warum Ihre Kunden anders denken als Ihre Abteilungen »Produktentwicklung« und »Marketing«.

Erwarten Sie vom Kunden allerdings nicht die Lösung. Denn die kennt er selbst nicht. Aber er kennt sehr wohl die Antwort auf die Frage: »Was wäre schön, wenn es das gäbe?« Hören Sie genau zu – hier ist die nächste Geschäftschance. Das iPad oder das iPhone hätte sich ein Kunde auch niemals vorstellen können, weil er es nicht kannte. Wohl aber hätte er eventuell seinen Traum beschreiben können, dass es etwas gibt, was ihn zu jeder Zeit mobil unterstützt und ihn wie ein persönlicher Assistent durch den Tag begleitet. Und dann auch noch so simpel und einfach funktioniert, dass es von einem Kleinkind und einem Senior mit Leichtigkeit bedient werden kann. Der

Kunde liefert Ihnen also seine Träume, seine brennenden Probleme und seine Sicht der Dinge. Das erkennen Sie allerdings erst, wenn Ihr Unternehmen nicht nur bereit ist, Produkte und Dienstleistungen zu verkaufen, sondern sich auch mit neuem Spirit der Kundenwelt zu öffnen.

Einige wenige Unternehmen haben dieses gigantische Potenzial bereits erkannt und handeln entsprechend. Ein sehr spannendes Beispiel ist der Fahrdienstvermittler Uber. Uber entwickelte sich lange Zeit weltweit sehr rasant und ist in einigen Städten bereits zu einem ernsthaften Wettbewerber für Taxis geworden oder hat diese sogar schon verdrängt, wie zum Beispiel in San Francisco. Was hat Uber von Anfang an anders gemacht? Vor seinem Markteintritt hat das Unternehmen sehr genau beobachtet, was passiert, wenn man Taxi fährt. Die Verantwortlichen dort haben Taxikunden genau befragt: »Was würden Sie sich wünschen? Was ist Ihnen wichtig? Was stört Sie am meisten, wenn Sie Taxi fahren? Gibt es etwas, woran Ihrer Meinung nach noch niemand gedacht hat?«

Ich gebe zu, ich bin zu einem Fan von Uber geworden. Dort finde ich nämlich einen mehr als fairen Preis, tipptopp saubere Autos, eigenverantwortlich handelnde Unternehmer und ein faires Abrechnungssystem, das direkt über die hauseigene App funktioniert. Und das alles zum Bruchteil der Kosten klassischer Taxis. Darüber hinaus gibt es eine direkte Bewertungsmöglichkeit, die für den Fahrer eine zentrale Rolle spielt, denn er wird nur gebucht, wenn er einen guten Ruf nachweisen kann, den er über die Servicequalität selbst gestaltet. Hier wurde von Anfang an von außen nach innen gedacht, mit den Augen des Kunden beobachtet, was ihm wichtig ist und was ihm weniger wichtig ist. Es wurden sämtliche Lücken zu bestehenden Angeboten erkannt und gefüllt.

Finden Sie diese Kundenideen! Eine sehr einfache und pragmatische Methode ist es, einfach fünf oder sechs ausgesuchte Kunden – vielleicht auch kritische – einzuladen. Dieses Mal geht es nicht um eine neue Produktvorstellung, sondern darum, zu wissen, wie Ihre Kunden denken. Auch Ihre Kunden werden gefordert sein, über den Tellerrand zu schauen und sich einmal mit ein paar sehr zentralen Fragen zu beschäftigen. Diese zentralen Fragen sind, wie ich es bekanntlich nenne, die KBF, die Kittelbrennfaktoren Ihrer Kunden. Sie müssen sich dazu nur drei Fragen stellen: »Was sind die brennenden Probleme, die unsere Kunden heute haben? Was sind ihre schönsten Träume? Und welche Motive treiben meine Kunden an?« Mir geht es in erster Linie darum, einen Paradigmenwechsel in den Köpfen und im Handeln deutlich zu machen. Denn ein Paradigmenwechsel ist gerade heute die Grundlage, die einen erfolgreichen Umgang mit Ihren Kunden überhaupt erst möglich macht. Erst wenn wir uns öffnen, die vorhandene Mauer niederreißen, alles mit den Augen des Kunden betrachten, diesen Weg weitergehen und ein höheres Verständnis für die Emotionen und Gedankenwelt unserer Kunden entwickeln, wird uns das gelingen.

Eines muss an dieser Stelle klar sein: In einem Unternehmen muss jeder Einzelne bereitwillig die Einstellung »Herzenssache Kunde« leben, weil man eine solche Veränderung nicht nur an eine einzige Abteilung delegieren kann. Wenn es uns gelingt, zuerst einen Turnaround in unseren Köpfen zu schaffen und dann im Kopf des Kunden, haben wir gewonnen. Denn auf die erfolgreichen Unternehmen der Zukunft warten noch eine ganze Menge weitere spannende Herausforderungen: Wie gewinnen wir den digitalen Kunden? Wie gehen wir mit dem individuellen Kunden um? Was wird die nächste Stufe der Kundenzufriedenheit sein? Wie schaffen wir Innovationen für Produkte und Dienstleistungen, die der Kunde uns genau deswegen aus den Händen reißt, weil wir etwas liefern oder vermitteln, was absolut einzigartig ist?

Die Antworten auf diese Fragen sind für jedes Unternehmen andere. Antworten sind der erste Schritt in die richtige Richtung – hin zu einem Geschäftsmodell, das die »Herzenssache Kunde« ernstnimmt und mit den Augen des Kunden die Businesswelt betrachtet, nicht mit den eigenen, auf denen man womöglich betriebsblind ist. Erster im Kopf des Kunden wird man nur, wenn man dieses Ziel von außen nach innen angeht.

KAPITEL 11

DIE ZEITREISE MIT DEM KUNDEN

... und warum der Kunde auch heute noch stört

Diese Idee ist entstanden, als ich für eine Keynote zum Thema »Kunde« angefragt wurde. Strikte Vorgaben: 20 Minuten – ohne PowerPoint. Das war die Geburtsstunde der Zeitreise mit dem Kunden. Ich gehe dabei heute von fünf Leveln aus. Entscheiden Sie selbst, in welchem Level Sie Ihr Unternehmen aktuell verorten.

Level 1

Die Zeitreise mit dem Kunden begann für mich 1993, als ich das Buch *Das Einzige, was stört, ist der Kunde. Clienting ersetzt Marketing und revolutioniert Verkaufen* veröffentlichte. Ich hatte in den Achtzigerjahren ein Verkaufsberatungsunternehmen mit 20 Beratern aufgebaut und bis dahin bereits vier Verkaufsbücher geschrieben, darunter den bereits genannten Titel *Verkaufserfolge auf Abruf*, eines der meistgelesenen Verkaufsbücher der späten Achtziger. Ich hatte damals mein »7x-Kontaktsystem zur Neukundengewinnung« entwickelt. Heute würde man es vermutlich »Funnel Management«

nennen. Dieses System wurde damals auch von BMW im Verkauf eingesetzt. Bis zu diesem Zeitpunkt Anfang der Neunzigerjahre gab es nur eine Delle in der Entwicklung: den zweiten Golfkrieg. Als ich im Januar 1991 aus dem Weihnachtsurlaub zurückkam, empfing mich meine Sekretärin mit den Worten: »Sie haben 500.000 auf dem Konto.« Als ich nicht sofort reagierte, ergänzte sie: »Da steht ein S dahinter.« Und als ich immer noch nicht schnell genug reagierte, sagte sie: »S heißt: *Soll Bank anrufen.*« Heute kann ich locker darüber schreiben, weil ich weiß, welchen Weg die Entwicklung genommen hat. Die damalige Situation war natürlich mit dem Begriff »persönliche Weltwirtschaftskrise« noch euphemistisch beschrieben. Nach sechs Jahren ununterbrochenen Wachstums stand ich quasi von einem Tag auf den anderen am Abgrund. Das Desaster hatte natürlich eine Ursache: Unternehmen haben einfach Aufträge nicht erteilt, obwohl wir ebenso langfristige wie gültige Verträge hatten. Was viele heute mit dem Corona-Lockdown erfahren mussten, war für mich damals schon bittere Realität. Ich war chancenlos, denn ich wollte es nicht auf einen Rechtsstreit ankommen lassen. Auch weil Konzerne größere Rechtsabteilungen und einen deutlich längeren Atem haben. Der Golfkrieg hatte die Unternehmen paralysiert. Ich rief alle meine Berater zusammen, denn es war bereits fünf Minuten vor zwölf. Eher zwei vor zwölf. Ich blickte in die Runde und bat um Lösungsvorschläge. Es kamen keine, denn der Schock saß bei allen gleich tief. Also blieb mir nichts anderes übrig, als meine Berater zur Direktakquise zu verdonnern. Jeder erhielt mit sofortiger Wirkung den Auftrag, pro Tag mindestens drei potenzielle Kunden anzurufen. Diese Entscheidung basierte auf einer meiner wichtigsten Erkenntnisse im Verkauf: mehr Kontakt bringt mehr Geschäft. So konnten wir mit dem gesamten Team über 200 Kontakte pro Woche erreichen. Nach einer langen Diskussion in der Vorbereitung hatte ich dann auch die Gesprächseröffnung vorgegeben, mit der die Telefonate gestartet werden sollten. Sie war mehr als einfach: »Ich habe gerade an Sie gedacht. Wie geht es Ihnen?« Und ob Sie es glauben oder nicht: Diese Wendung brachte die Wende. 1991 wurde eines meiner erfolgreichsten Jahre und wir hatten unser

Vorjahreswachstum sogar noch mal getoppt. Nachdem sie erkannten, dass der Golfkrieg nicht zum Zusammenbruch der Weltwirtschaft führt, haben unsere Kunden die erteilten Aufträge dann doch abgerufen. Und durch unsere Telefonakquise konnten wir zusätzlich Neukunden generieren. Mir war allerdings auch klar geworden, dass ich mich auf extrem dünnem Eis bewegte, weil wir unsere Kunden bei allen Verkaufsbemühungen im Grunde außen vor ließen. Wir waren einseitig darauf ausgerichtet, unsere Umsätze zu steigern. Ich spürte allerdings immer deutlicher, dass es eigentlich um etwas ganz anderes ging. Es ging darum, den Kunden in den Mittelpunkt zu stellen. Das hört sich heute vielleicht selbstverständlich an, aber Anfang der Neunzigerjahre war das praktisch nirgendwo erkannt worden. Ich hatte damit meine Grundidee: mit den Augen des Kunden zu neuen Lösungen kommen. Die Seiten zu wechseln. Nicht mehr den Verkaufserfolg in den Mittelpunkt zu stellen, sondern den Kundenerfolg. Es sollte noch ein langer Weg werden, bevor man bereit war, mir und meiner Idee zu folgen.

Hier möchte ich die Erkenntnisse aus dem ersten Level noch einmal zusammenfassen: Der individuelle Kunde und die Fokussierung auf seine individuellen Wünsche und Bedürfnisse stehen im Mittelpunkt einer Erfolgsstrategie. Im besten Falle sind das einzigartige Lösungen in Form von Unikaten oder Sondermodellen. Der individuelle Kunde bekommt ein einzigartiges Produkt, das, wenn es denn sein muss, nur ein einziges Mal existiert. Das war vor 25 Jahren der Zeit sicherlich weit voraus. Heute, im Zeitalter des Internet of Things, ist man in der Lage, Produkte mit der Auflagengröße 1 herzustellen. Jedes Auto, das heute vom Band rollt, ist ein Unikat, individuell konfiguriert nach den Wünschen des Kunden. Die Apple Watch gibt es in zwei Größen, zehn Gehäuseausführungen, 42 Armbändern, verschlusslose Armbänder sogar in zwölf verschiedenen Größen. Wie viele verschiedene Kombinationen sind da möglich?

Meine Clienting-Strategie ist eine Beziehungslehre, die genau diese individuelle Kundenfokussierung lebt. Diese Fokussierung hatte Steve Jobs mit der Entwicklung des iPhones von Anfang an im Kopf. Keiner konnte sein

Gerät benutzen, ohne sich vorher bei Apple angemeldet zu haben. Ich war damals mit dieser Vorgehensweise keineswegs einverstanden, denn ich hatte mein iPhone bei der Telekom gekauft, konnte es aber vor der Registrierung nicht nutzen. Heute ist diese Politik mehr als nachvollziehbar, denn Apple verfügt auch deshalb über Milliarden an Kundendaten. Viele Entwicklungen aus den USA wie Customer Experience, Customer Centricity und Costumer Journey sind auch mit Clienting erklärbar. Vieles lässt sich mit Clienting noch deutlicher, wenn nicht sogar noch wesentlich präziser definieren.

Level 2

Auf der zweiten Stufe wird der Kunde zum Partner. Mit den Augen des Kunden werden Lösungen entwickelt, die den Kunden enger an das Unternehmen binden. Das Unternehmen verabschiedet sich vom Denken und Handeln in Produkten und geht über zum Handeln in Lösungen. Der Service spielt jetzt eine entscheidende Rolle, weil sich viele Unternehmen nur noch über den Service vom Wettbewerber unterscheiden können. Produkte sind Mittel zum Zweck, um etwas anderes zu erreichen. Wir haben darauf aufbauend die sieben Regeln des Clienting entwickelt, die den Partner in den Mittelpunkt stellen. Herausragende Erkenntnis ist die Grundaussage »Helfen statt dienen«. Wir haben aus dieser Erkenntnis heraus die zentrale Kernthese des Clienting entwickelt.

Wir sehen die Entwicklung in drei Stufen. Ich erkläre das immer gern am Beispiel IBM. IBM hat in der ersten Stufe gesagt: »Unser Geschäft ist die Herstellung von Lochkartenmaschinen.« Das ist eine produktbezogene Definition des Kerngeschäftes. Das geht so lange gut, bis sich ein Wettbewerber positioniert, der es besser und billiger macht. IBM hat dann eine neue Geschäftsstrategie entwickelt: »Unser Geschäft ist die Datenverarbeitung.« Das ist eine sogenannte problemlösungsbezogene Definition des Kerngeschäftes. Über Service wurde das Problem besser gelöst als von den meisten anderen Wettbewerbern. In dieser Phase machte IBM einmal

4,7 Milliarden US-Dollar Gewinn. Das war damals so viel, wie der Zweitplatzierte an Umsatz generieren konnte. IBM hat das Kerngeschäft später noch einmal neu definiert. Dieses Mal lautete es: »Unser Geschäft ist es, zu helfen, damit unsere Kunden selbst bessere Geschäfte machen.« Hier geht es um Helfen statt Dienen. Das Unternehmen ist heute eine der größten Unternehmensberatungen im B2B-Markt. Für das Privatkundengeschäft gilt der Satz mit einer geringfügigen Abwandlung: »Unser Geschäft ist es, zu helfen, damit unsere Kunden selbst besser leben.« Dafür müssen wir auch immer intensiver in die Kundenwelten einsteigen und verstehen, was Kunden wirklich wollen.

Ein Beispiel für die erfolgreiche Umsetzung dieser Strategie ist das Unternehmen TelisFinanz aus Regensburg. Das Unternehmen verkauft keine Versicherungsprodukte. Es versteht sich vielmehr als Unternehmensberater für den privaten Haushalt. Zentrale Idee ist eine ganzheitliche Datenerfassung des gesamten Haushalts. Dabei werden bis zu 900 Daten pro Haushalt gesammelt, und auf Basis dieser Daten wird dann das Optimum für den Haushalt entwickelt. Natürlich werden die persönlichen Vorstellungen und Interessen aller Haushaltsmitglieder in diese individuelle Strategie mit einbezogen. Es geht also nicht mehr um Produkte, sondern darum, den Mitgliedern des Haushaltes zu helfen, in Finanz- und Vermögenssituationen bestens aufgestellt zu sein. Diese Strategie wird vom internen Team permanent und konsequent weiter verfeinert und von Unternehmensberatern für den privaten Haushalt umgesetzt.

Level 3

Das Silicon Valley hat eine neue Form von Geschäftsmodellen etabliert. Jetzt geht es nicht mehr um Produkte und Lösungen, sondern um die Plattformidee. Sie können es auch eine Wissensplattform nennen. Eine neue Form von Netzwerken ist entstanden, aber auch eine neue Form von Kundenbindung. Auf diesen Plattformen geht es darum, Kunden dazu zu bewegen, ständig zu kaufen oder zu konsumieren. Dabei ist es völlig egal, ob das Inhalte sind oder Produkte. Und obwohl die Kunden täglich von selbst kommen, wollen diese Unternehmen im Service ganz vorn mitspielen. In der E-Mail-Signatur von Amazon steht schon seit einer ganzen Zeit der Satz: »Wir wollen das servicefreundlichste Unternehmen der Welt werden.«

Ich hatte diesbezüglich eine persönliche Erfahrung mit Amazon. Kurz vor einem Vortrag erhielt ich die Information, dass mir das gekaufte Produkt leider nicht zugestellt werden konnte, weil ich eine falsche Adresse angegeben hatte. Schlagartig fiel mir ein, dass ich tatsächlich über den Sommer die Adresse umgestellt, aber auch wieder zurückgestellt hatte, doch leider aus einer alten Gewohnheit heraus auf meine alte Firmenadresse, wo wir uns seit Jahren nicht mehr befinden. Ich nahm per Mail Kontakt zu Amazon auf, um die richtige Adresse anzugeben. Prompt kam die Antwort, dass man es zutiefst bedauere, mich mit solchen Unannehmlichkeiten belästigen zu müssen. Obwohl es mein Fehler war, hat sich Amazon den Schuh angezogen. Das war für mich eine völlig neue Form von Serviceverständnis. Ich bin mir sicher, dass wir alle über viele persönliche Erfahrungen verfügen, die in die entgegengesetzte Richtung gelaufen sind. Amazon hat aus meiner Sicht Kundenbindung neu definiert.

Unternehmen auf dem zweiten Level, die ihre Kunden als Partner betrachten, haben bereits richtig gehandelt. An dieser Stelle stellt sich die Frage, ob der Partnerschaftsgedanke zu einem Plattformgedanken weiterentwickelt werden kann. Customer Experience funktioniert nur, wenn sie auf Erfahrungswerten basiert. Für alles Neue fehlt einfach die Vergleichsmöglichkeit. Damit entstehen Chancen und Risiken zugleich.

Level 4

Auf diesem Level stehen disruptive Geschäftsmodelle im Fokus. Die zweite Hälfte der digitalen Welt wird diesbezüglich noch einige Überraschungen bringen. Während meiner Silicon-Valley-Reise besuchte ich auch den weltweit bekanntesten Inkubator Plug and Play. Hier sind viele der heutigen Superstars der Silicon-Valley-Ära entstanden. Es war beeindruckend, welchen Einfluss Inkubatoren auf die Zukunft nehmen. Mittlerweile ist Plug and Play in einzelne Sektionen aufgeteilt, wie zum Beispiel Banking/Finance, Insurance oder Automotive. Wir konnten dort einen halben Tag lang im 5-Minuten-Takt Präsentationen von Start-ups verfolgen, die ihre revolutionären Ideen vorstellten. Unterm Strich hatten alle eine Fokussierung auf ein Kundenproblem, das noch nicht gelöst war. Es war spannend zu erleben, wie intensiv man sich in der kurzen Zeit mit dem potenziellen Kunden auseinandergesetzt hat.

Doch bei aller Begeisterung für Technologie: Disruptive Geschäftsmodelle müssen nicht unbedingt etwas mit Digitalisierung zu tun haben. So entwickelten wir beispielsweise eine Strategie für den ersten Panzer, der Menschenleben rettet. Außerdem haben wir für einen unserer Kunden ein neues Berufsbild erschaffen: den Wärmebodentechniker. In einem umkämpften Markt wird jetzt der Boden nicht mehr von den drei Gewerken Boden/Fliesen, Estrich und Fußbodenheizung gefertigt, sondern aus einer Hand geliefert. Für den Kunden ist das mit erheblichen Vorteilen verbunden.

Natürlich bietet die digitale Welt erhebliches Potenzial für optimale Lösungen. Ich behaupte aber, dass zwei Drittel aller Geschäftsmodelle noch gar nicht entwickelt worden sind, weil man die alte Welt bisher nicht mit der neuen Welt zusammengebracht hat. Viele deutsche Unternehmen haben noch nicht das Veränderungspotenzial von Uber oder Airbnb an den Tag gelegt, um destruktive Ideen in die Tat umzusetzen, aber auch hier in Deutschland hat sich mittlerweile eine sehr beachtliche Start-up-Kultur entwickelt. Die Bank N26 ist ein gutes Beispiel für einen disruptiven Ansatz. Hier wird dem Kunden ein kostenloses Konto geboten. Außerdem sind sämtliche Abläufe so gestaltet, dass der Kunde seine Bankgeschäfte komplett vom Smartphone aus abwickeln kann. An dieser Stelle möchte ich kurz ein Projekt erwähnen, das wir mit einem Kunden aus der Finanzbranche abgewickelt hatten. Die Idee war provokant: Es sollte ein »Killing the Bank«-

Workshop sein. Die Frage, die wir uns stellten: Wie sicher ist eine Bank? Im Auftrag unseres Kunden haben wir Angreifer definiert, die man bisher nicht kannte oder zu wenig beachtet hatte. Darauf aufbauend haben wir eine eigene disruptive Strategie entwickelt. Mit anderen Worten: Man kann sich von disruptiven Ideen anderer überraschen lassen oder sich auf solche Angriffe vorbereiten. Oder man kann selbst Ideen entwickeln, mit denen Märkte auf den Kopf gestellt werden können.

Disruptiv oder nicht: In Zukunft werden – aufbauend auf der künstlichen Intelligenz – neue Geschäftsmodelle entstehen, die auf Voice Shopping basieren werden. Wenn wir an Eingabegeräte für Computer denken, fällt uns zuerst die Maus ein. Xerox hatte in den Siebzigern ein bereits bestehendes Modell weiterentwickelt, konnte das Konzept aber nicht zum wirtschaftlichen Erfolg führen. Die Maus kostete 400 Dollar, die Schnittstelle weitere 300. Zu diesem Preis konnte man damals keinen Kunden begeistern. Erst Steve Jobs erkannte das wahre Potenzial der Maus: als Eingabegerät für Computer mit grafischer Oberfläche. Zum Schnäppchenpreis von 1.000 Dollar erwarb er die Rechte von Xerox und beauftragte ein Designbüro, eine Variante zu entwickeln, die nicht nur besser in der Hand lag, sondern auch maximal 25 Dollar kosten durfte. Das war Geburtshilfe für den Apple Lisa, und nur ein Jahr später begann der Siegeszug des Nachfolgers Macintosh. Es dauerte eine Weile, bis wir auf dem Display des iPhones mit Fingern arbeiten konnten. Die nächste Stufe ist jetzt die Spracherkennung, ein Konzept, an dem alle großen Hersteller arbeiten.

Bei meinen Vorträgen habe ich vor ein paar Jahren gern gefragt, wer Google Assistant kennt. Es wurde damals so gut wie jedes Mal verneint. Heute weiß jeder, dass dies eine App für iOS und Android ist, die in einem Wettbewerb verschiedener Spracherkennungssysteme am besten abgeschnitten hat. Dabei wurden Google Assistant, Amazon Alexa, Apple Siri und Microsoft Cortana getestet. Alexa landete bei diesem Vergleich auf Platz 2 und Siri nur noch auf Platz 3. Ich bedauere das persönlich, weil ich davon überzeugt bin, dass Steve Jobs etwas ganz anderes entwickelt hätte. Etwas,

was den Kunden versteht, so wie er selbst den Kunden verstanden hat. Aber ich muss zugeben: Die Qualität der Antworten bei Google Assistant ist extrem hoch. Und die zugrunde liegende künstliche Intelligenz sorgt für so manche Überraschung. Ich habe dem System die Frage gestellt: Wie heißt die Großstadt, die vor der Insel Capri liegt? Die Antwort kam postwendend: Neapel. Die meisten Menschen, die ich gefragt habe, konnten diese Frage nicht beantworten.

Im Bereich Spracherkennung entsteht ein neuer Wettbewerb – der Wettbewerb ums Wohnzimmer und ums Auto. Denn per Spracherkennung werden wir in Zukunft von überall aus einkaufen gehen. Dabei wird uns beispielsweise Alexa Vorschläge machen, ob wir das Produkt wie immer bestellen sollen oder ob wir uns für eine Alternative begeistern können. Ein Beispiel: Ich bin Kontaktlinsenträger. Ich könnte zu Alexa sagen: »Alexa, bitte bestell meine Kontaktlinsen von Boston.« Und Alexa könnte erwidern: »Edgar, ich kann gern deine Kontaktlinsen von Boston bestellen. Aber es gibt jetzt einen Anbieter, der im Test besser abgeschnitten hat und günstiger ist. Möchtest du dieses Produkt einmal versuchen?« Damit verlieren Unternehmen in Zukunft ihre Markenhoheit, in die sie vorher so viel investiert haben. Allerdings sind das genau die Empfehlungen, die Kunden heute suchen. Amazon ist es egal, welche Kontaktlinsen ich kaufe. Aber Amazon weiß, dass ich gern günstig kaufe und kann darauf wetten, dass ich dem Online-Kaufhaus treu bleibe, wenn die hauseigenen Vorschläge Qualität haben. Alexa kann übrigens auch lustig sein. Ich habe sie neulich gefragt: »Alexa, wer ist Edgar Geffroy?« Und Alexa antwortete halb trocken, halb genervt: »Ich kann doch nicht jeden Menschen auf dieser Erde kennen.« Kurzerhand stellte ich Google Assistant dieselbe Frage. Die Antwort lautete: »Edgar Geffroy ist ein Autor von Wirtschaftsbüchern, Redner und Unternehmensberater.« Ich war beruhigt.

Level 5

Es wird eine neue Ära der Fusionen geben. Ich möchte an dieser Stelle einen meiner Lieblingssätze zitieren: »Keiner gewinnt alleine.« Der zukünftige Erfolg von Unternehmen wird extrem davon abhängen, wie man es schaffen wird, gemeinsam etwas aufzubauen. Einerseits wird es die künstliche Intelligenz ermöglichen, dass vieles einfacher wird, andererseits wird es einen Kampf um die Köpfe geben. Der Begriff des Wissenskriegers wird nach allen Seiten gelten. Wie in diesem Buch ausführlich beschrieben, werden dabei Mitarbeiter die zentrale Rolle spielen, weil sie die Innovationsträger der Zukunft sind. Gemeinsam mit dem Mitarbeiter und den Kunden, die in die Zukunftsentwicklung einbezogen werden, entsteht ein neues Fusionsmodell. Man spricht künftig immer weniger von einem Kunden- und Lieferantenverhältnis. Der Kunde ist ein integrierter Bestandteil der zukünftigen Geschäftsstrategie und wird an der Entwicklung von Anfang an beteiligt.

Wir führen gerade für einen internationalen Konzern ein disruptives Geschäftsmodell ein, bei dem ein Wechsel von der klassischen Produkt- in die Cloudwelt vollzogen wird. Für das Unternehmen ist das eine echte Chance, die neuen Vorteile dieser Cloudstrategie den Kunden näherzubringen. Wir kamen zusammen, weil ich auch bei der Einführung von Microsoft Office 365 helfen durfte, die rund 17.000 deutschen Partner von den Vorteilen des neuen Cloudangebots zu überzeugen. Es macht richtig Spaß, bei einem solchen disruptiven Projekt dabei zu sein.

Im Headquarter in Wien wurden die wichtigsten Partner in die Entwicklung und Lösung der neuen Strategie eingebunden. Als wir am Ende des Tages Bilanz zogen, gab es die Schlüsselaussage eines Partners, die mich sehr gefreut hat. Er sagte: »Ich habe jetzt das Gefühl, dass wir keine Wettbewerber mehr sind und Lieferanten und Unternehmen endlich an einem Strang ziehen.« Besser hätte man es meiner Meinung nach nicht auf den Punkt bringen können. In diesem Fall brauchen wir nicht mehr von einem Wissenskrieg zu sprechen, denn das Wissen in den Köpfen wird zum gemeinsamen Vorteil eingesetzt.

Sie sehen: Brain Capital bietet enorme Chancen, die eigene Konjunktur zu machen. Jenseits der Wettbewerbsorientierung entstehen so neue Fusionen zwischen den Beteiligten. Die heutigen Ökosysteme und Plattformen werden auch in der nächsten Stufe diese Art der Zusammenarbeit anstreben. Wettbewerber werden integriert, die eine Schnittstelle zum Kunden bilden und ihre Erfahrungen in die Lösungsfindung einbringen können. Hier werden sich Serviceprofis etablieren, die die gesamte Wertschöpfungskette abdecken werden. Spannend wird nur die Frage sein, wer die Führungsrollen übernehmen wird. Wird es die Allianz bei Versicherungen und Daimler im Bereich Mobilität? Oder wird es neue Anbieter geben, die disruptive Ansätze umsetzen? Die Zukunft bleibt spannend – und sie wird durch die Knowledge Economy neu definiert.

KAPITEL 12
DIE REGELN DES CLIENTINGS HEUTE

... und ihre Bedeutung für eine Wissensstrategie

Ich bin fest davon überzeugt, dass eine Wissensstrategie die neue Wirtschaftselite schaffen wird. Wir nennen diese Strategie »Knowledge Clienting«. Im Verlauf dieses Buches entwickeln wir eine Wissenskrieger-Strategie, die von jedem Unternehmen eingesetzt werden kann, unabhängig von Größe und Branche. Wenn Sie ein Monopol betreiben, liegen Ihre Herausforderungen möglicherweise in anderen Bereichen. Entscheidend für den Erfolg eines Unternehmens ist neben der richtigen Strategie die Fähigkeit, den Paradigmenwechsel zu erkennen, aber auch die Fähigkeit, Regeln zu brechen und damit zu einem First Mover im eigenen Markt zu werden. Manchmal gibt es Zeiten, die *alle* Unternehmen vor neue Herausforderungen stellen. Diese Zeiten sind jetzt, denn Digitalisierung und die Knowledge Economy betreffen uns alle. Ich sage oft den provokanten Satz: »Digital or Die.« Jetzt bin ich davon überzeugt, dass der Faktor Wissen in der zweiten Hälfte der digitalen Ära entscheidend sein wird. Bevor wir allerdings Clienting in eine wissensbasierte Welt überführen, ist es wichtig, die Regeln und deren Anwendbarkeit auf das eigene Unternehmen zu prüfen. Im Folgenden sind diese Regeln beschrieben. Prüfen Sie, wo Sie Ihr Unternehmen maßgeblich sehen.

Kundenorientierung – Kundenfokussierung – Kundenindividualisierung

Kundenorientierung wird heute in vielen Unternehmen gelebt. Aber das allein reicht in der heutigen Zeit oftmals nicht aus. Die zweite Stufe, Kundenfokussierung, muss angestrebt werden. Hier versteht es das gesamte Unternehmen – und nicht nur einzelne Abteilungen –, im Sinne des Kunden zu handeln und dadurch die eigenen Ziele zu erreichen. Unternehmen begnügen sich in dieser Phase nicht mehr damit, nach dem ersten Kontakt Standardumfragen zu verschicken. Sie kennen das: »Wie hoch ist die Wahrscheinlichkeit, dass Sie uns weiterempfehlen? Wir möchten gern Ihre Meinung wissen.« Und am Ende darf man ein paar Dinge ankreuzen. Ich beteilige mich grundsätzlich nicht an diesen Umfragen. Sie versprechen die Chance auf einen Gutschein und sprechen damit unsere niederen Instinkte an, für jede Leistung eine Gegenleistung zu erwarten. Oder zumindest die Chance darauf. Ich habe jetzt mal wieder einen neuen Versuch gestartet und auch tatsächlich bei einem Anbieter die Möglichkeit gefunden, etwas individuell einzugeben. Meine persönliche Meinung. Ich bin gespannt, ob es in der Statistik untergeht oder ob sich tatsächlich einmal jemand bei mir meldet und auf meine persönlichen Bedürfnisse eingeht. Das ist gleichzeitig die Überleitung in die nächste Stufe der Weiterentwicklung: Kundenindividualisierung. Hier geht es jetzt nicht mehr darum, Kundenorientierung von der Stange zu betreiben, sondern es geht um den individuellen Kunden. Dieser erwartet individuelle Produkte und individuelle Beratung. Im besten Fall ist die Lösung ein Unikat. Der heutige intelligente Kunde fordert immer mehr, dass man individuell auf ihn eingeht. Passiert das nicht, wandert er ab und ist mit einem Klick beim Wettbewerber.

Verbraucher – Kunden – Partner

Definieren Sie Ihre Kunden als Partner und entwickeln Sie ein Partnerkonzept, von dem beide profitieren. Partnerschaft muss gelebt werden. Das kann man nicht in Verträge packen. Mein kleines Wortspiel zum Thema lautet: »Partnerschaft heißt nicht, dass der Partner schafft.« Die Zeit, in der wir den Kunden einfach nur als Verbraucher betrachtet haben, der sich in der Servicewüste selbst um seine Kundenzufriedenheit bemühen musste, ist längst vorbei. In einer funktionierenden Partnerschaft gibt es keine Fronten mehr, nur noch gemeinsame Interessen. Der gemeinsame Erfolg steht im Vordergrund. In einer Partnerschaft muss immer auf Augenhöhe kommuniziert werden. Nicht die Größe eines Unternehmens ist entscheidend, sondern der Wille, gemeinsam erfolgreich zu sein.

Verkaufen – Beraten – Beziehung

Bei der dritten Regel wird es auch um einen Paradigmenwechsel gehen. Die zentrale Frage lautet: Werden wir in zehn Jahren noch so viele Verkäufer brauchen wie heute? Oder werden KI-Systeme und digitale Shoppingsysteme das Verkaufen im klassischen Sinne obsolet machen? Sicherlich werden nicht alle Verkäufer in zehn Jahren verschwunden sein, aber ich bin davon überzeugt, dass sie nicht mehr in derselben Funktion wie heute tätig sein werden. Damit meine ich konkret den dritten Vertriebsweg als echte Chance. Es gibt im klassischen Vertrieb einen Innendienst und einen Außendienst. Irgendwann wird sich ein digitaler Dienst etablieren: Ich nenne ihn den dritten Vertriebsweg. Verkäufer beraten Kunden online. Und damit immer individuell. Jedes Kundenproblem wird gelöst, denn nur ein zufriedener Kunde, der bei Ihnen Lösungspotenzial wahrnimmt und besten Service erfährt, kommt wieder und empfiehlt weiter.

Mittlerweile sind etablierte Anbieter wie MS Teams, Zoom und WebEx sehr erfolgreich damit geworden, die Grundlagen dafür zu schaffen. Die größte Herausforderung liegt heute oft im Mindset der Verkäufer. Sie sind auch heute noch überzeugt, dass nur der persönliche Kontakt zählt. Ich persönlich habe bereits vor 25 Jahren meine ersten Online-Seminare mit mehr als 350 Teilnehmern gegeben. Alle hatten ein Telefon am Ohr und konnten auf dem Bildschirm das Gleiche sehen. Ich war damals bereits begeistert von den Chancen und Möglichkeiten. Es sollte allerdings noch einige Jahre dauern, bis sich am 13. März 2020 durch die Coronapandemie die Situation völlig veränderte. Kunden konnten nicht mehr besucht werden. Firmen riegelten sich ab. Diejenigen, die konsequent auf den dritten Vertriebsweg umgeschaltet hatten, konnten zu Marktführern werden, wie es bereits unserem Kunden BÖCKER Wohnimmobilien in Düsseldorf gelungen ist. Und es kam noch besser: BÖCKER Wohnimmobilien wurde 2021 zum besten Makler des Jahres gewählt. Mit der Strategie »Herzenssache Kunde«.

Es macht Spaß, unsere Kunden bei ihren Erfolgen zu begleiten. Das Unternehmen CONFORM aus Österreich, Hersteller preisgekrönter individueller Badmöbel, hat mit seinem Geschäftsführer Herbert Schwingenschuh ebenfalls die Gunst des Augenblicks genutzt. Das Unternehmen konnte sein Geschäft mit einer gemeinsam mit uns entwickelten digitalen Kundenstrategie erheblich ausbauen. CONFORM hat vor allen anderen umgeschaltet und die Beziehungen zum Kunden in dieser extremen Phase in den Mittelpunkt gestellt. Das Team erbrachte Beratungsleistungen, während die Wettbewerber ihre Unternehmen abschotteten. Nicht der Umsatz war die Messlatte; es ging darum, für den Kunden da zu sein und ihm die Hand zu reichen, damit sein Projekt nicht ausgebremst wurde. Heute ist dieses Unternehmen ein digitaler Vorreiter seiner Branche und hat in der schwierigsten Zeit bewiesen, dass man Beziehungen über den reinen Verkaufserfolg stellen kann.

Corona hat das Thema digitalen Vertrieb gepusht, aber längst nicht alle Unternehmen erreicht. Mehrere Unternehmen, die wir in der Coronakrise beraten haben, konnten mit einem neuen Vertriebskonzept hohe zweistellige Zuwachsraten trotz oder gerade wegen COVID-19 erreichen. Immer mehr Unternehmen gehen dazu über, Beziehungen noch mehr zu intensivieren, und bieten in diesem Zuge Abolösungen an. Wir haben für mehrere Kunden Abomodelle bis zur Marktreife entwickelt und können nur Positives berichten. Abomodelle gelten als interessante Geschäftsmodelle der Zukunft. Sie haben mit hoher Wahrscheinlichkeit auch einige Abos abgeschlossen: Office 365, Zoom, Netflix, Prime, Spotify, Dropbox, um nur einige der beliebtesten zu nennen. Dieser Markt ist aufgrund seiner Wachstumschancen der Markt der Zukunft. Auch VW steigt ein und will seine ID-Modelle auf Abobasis anbieten. Prüfen Sie einmal, ob es für Sie Sinn machen könnte, Ihre Produkte auf Abobasis anzubieten. Abo, Leasing, Miete: Wer Kunden binden möchte, muss weg vom Einmalkauf. Weil sonst immer wieder alles von vorn anfängt, denn dann ist jeder Kunde wieder ein Neukunde. Und den muss man erst einmal begeistern.

Kundenzufriedenheit – Kundenbegeisterung – Kundenverblüffung

Kundenzufriedenheit ist mein Lieblingsthema. Leider setzen viele Unternehmen diese erste Stufe erst jetzt um. Mir bestätigte vor Kurzem erst der Geschäftsführer eines Unternehmens, das Luxusprodukte herstellt und vertreibt, dass Kundenzufriedenheit jetzt ganz oben auf der Liste der aktuellen Themen steht. Jetzt erst?

Der zufriedene Kunde wechselt sofort, wenn er etwas Neues sieht. Etwas, was sein Leben angenehmer macht oder verbessert. Etwas, was ihm vielleicht nur einen Hauch besser gefällt. Eigentlich sind die Gründe zweitrangig, denn ein verlorener Kunde ist erst einmal weg. Er hat auch gar keine Lust und keine sonstige Veranlassung, Ihnen seine Gründe mitzuteilen, da können Sie ihm auch noch so viele Umfragen in die Inbox werfen. Denken wir nur noch einmal an Nokia. Die Verantwortlichen waren wirklich davon überzeugt, dass es keine Alternative zu ihrem Telefon gibt. Und sie hatten vollkommen recht: Wer ein Nokia sein Eigen nannte, war davon begeistert. Es war in höchstem Maße zuverlässig, robust und das

Akku hielt locker eine Woche durch. Jeder Besitzer hätte bei einer Umfrage geschworen, dass er nächstes oder übernächstes Jahr garantiert wieder ein Nokia kauft. Die Geräte waren unkaputtbar, wie man heute so schön sagt. Doch im nächsten Jahr fiel die Wahl auf ein anderes Gerät. Von einem Hersteller, der noch nie ein einziges Telefon gebaut, geschweige denn verkauft hatte. Sie sehen: Es geht um die permanente Suche nach etwas, was der Kunde braucht und ersehnt, aber noch nicht weiß, dass es das von Ihnen gibt. Das ist der Knackpunkt, den es zu bedienen gilt. Es geht künftig darum, den Kundenwünschen und -träumen immer eine Nasenlänge voraus zu sein.

Viele Unternehmen haben erkannt, dass Kundenbegeisterung mehr ist als Kundenzufriedenheit. Aber reicht das heute noch aus? Der Königsweg ist heute die Kundenverblüffung. Dem Kunden etwas bieten, was er noch nicht kennt, etwas, was er nie erwartet hätte. Diese Begeisterung wird er in seinem Kopf immer mit Ihrem Namen in Verbindung bringen. Eine Verbindung auf Lebenszeit. »Ich wäre nie auf die Idee gekommen, danach zu fragen.« Wenn solche Sätze aus dem Mund des Kunden kommen, haben Sie ihn verblüfft. Das Problem: Irgendwann hat sich der Kunde an das Neue gewöhnt. Irgendwann ist es für ihn selbstverständlich geworden. Sie müssen also immer wieder neue Ideen generieren. Aber Kopf hoch: Diese Verpflichtung ist gleichzeitig Ihre größte Chance.

Produkte – Services – Wissen

Um es noch einmal zu sagen: Ich wünsche jedem Unternehmen, dass es ein Produkt im Angebot hat, das ein Selbstläufer ist. Aber selbst wenn es klappt, ist das Glück oft nur von kurzer Dauer, weil die Wettbewerber nicht schlafen, sondern kopieren. Mit dem Ziel, es irgendwann besser und günstiger anbieten zu können. Auch Apple musste hinnehmen, dass sich HTC, Sony und Samsung schnell als Wettbewerber zu positionieren versuchten. Und Samsung verkauft heute sogar mehr Smartphones.

Auch BioNTech/Pfizer konnten sich die Poleposition sichern, haben aber mit Moderna, AstraZeneca und Johnson & Johnson umsatzhungrige Wettbewerber im Nacken. Und das ist auch gut so, denn Konkurrenz belebte schon immer das Geschäft. Dauerhaft macht es allerdings keinen Sinn, dass sich Unternehmen ausschließlich auf Produkte fokussieren. BioNTech hat nicht nur den Corona-Impfstoff Comirnaty produziert, sondern Anfang 2022 begonnen, mobile Produktionsanlagen herzustellen, sogenannte »Biontainer«. Diese werden nach Afrika verschifft, dort aufgebaut und anfangs vom Unternehmen selbst betrieben. Nach und nach wird das Wissen an Fachkräfte vor Ort weitergegeben. Tue Gutes, und die Welt spricht von dir.

Leider ist dieses neue Mindset bei Zukunftsworkshops und Strategieberatungen die größte Herausforderung. Immer wieder erlebe ich es, dass man von meiner neuen Strategie begeistert ist, aber dann am Nachmittag des gleichen Tages wieder in die alte Produktwelt zurückfällt. Bei meinen Vorträgen sage ich immer: »Stellen Sie alles, aber auch alles, was Sie machen, spätestens nach 1.000 Tagen infrage, ganz egal, wie erfolgreich Sie dann auch sind.« Die Logik dahinter ist schnell erklärt: Kaum ein Unternehmen ist auf dem Höhepunkt seines Erfolgs bereit, sich selbst infrage zu stellen. Aber genau das ist schließlich erforderlich, um permanent an der Spitze zu bleiben.

So manches Unternehmen hat diese Notwendigkeit bereits realisiert und sich nicht nur auf Produkte konzentriert, sondern Services drum herum gebaut. Viele Unternehmen lebten bis heute eigentlich recht gut vom Service. Nach den anfänglichen Erfolgen einer neuen Servicestrategie hat aber viele Unternehmen das gleiche Schicksal ereilt wie bei der vorherigen Produktstrategie: Der Wettbewerber hat gelernt und kopiert. Alle treffen sich auf hohem Niveau wieder. Hier ist dann in vielen Unternehmen und Branchen eine neue Pattsituation entstanden. Ich denke, dass sich heute die meisten Firmen auf diesem Niveau bewegen und deshalb das gleiche Problem haben: tolle Produkte und toller Service, aber leider kein Unterschied zum

Wettbewerber. In diesem Fall zählt natürlich wieder der Preis. Und das ausschließlich.

Mit diesem Gedanken im Hinterkopf entstand unsere Knowledge-Clienting-Strategie. Insbesondere in extrem hart umkämpften Märkten, bei ruinösem Wettbewerb und austauschbaren Produkten ist unsere Strategie hervorragend einsetzbar. Das würde per se für alle Handelsunternehmen gelten. Denn exakt dasselbe Produkt könnte ein Kunde auch beim Wettbewerber kaufen. Oder nehmen wir eine andere Situation: Mallorca ist zurzeit für Immobilienkäufe mehr als angesagt. Die Preise boomen, die Käufer sind mehr als willig, viel Geld für gute Lagen zu bezahlen. Allerdings unterscheiden sich die Immobilienmakler praktisch nicht. Und so gibt es ein Überangebot an austauschbaren Maklern und eine damit fehlende Differenzierung zum Wettbewerber, der oft eine Tür weiter sein Geschäft hat. Die Produkte sind gleich, mehrere Makler bieten es an, der Service ist mittlerweile auch sehr gut. Woher kommt also die neue Einzigartigkeit? Was ist der USP (Unique Selling Proposition), das viel zitierte Alleinstellungsmerkmal? Oder mit anderen Worten: Wie kommt man raus aus der Vergleichbarkeit? Bei der jetzigen Konstellation ist das praktisch unmöglich. Aber bleiben wir bei diesem konkreten Beispiel. Viele kaufwillige Kunden fragen sich irgendwann: Wie ist meine Steuersituation hier auf der Insel? Wie sieht es im Falle einer Erbschaft aus? Was gilt es politisch zu beachten? Welche Rechte habe ich als Immobilienkäufer? Ich breche an dieser Stelle ab, aber Sie können sich vorstellen, dass bei einem solchen komplexen Thema die Antworten auf zwingend notwendige Fragen entscheidend sind. Und die Frage der Stunde lautet: Wer liefert als Erster die Antworten? Genau an dieser Stelle kommt unser neuer Wissen-Strategie-Ansatz zum Tragen. Wir reden deshalb nicht mehr vom USP, sondern vom KSP (Knowledge Selling Proposition). Wenn Sie sich mit Ihrem Produkt nicht mehr vom Wettbewerber unterscheiden können und eine bessere Positionierung so nicht mehr gegeben ist, dann können Sie sich über das Expertenwissen völlig neu positionieren.

In einer immer digitaler geprägten Welt wird es entscheidend sein, sich auf engste Art und Weise mit dem Kunden zu einem dauerhaften gegenseitigen Nutzen zu vernetzen. Und das kann nicht bedeuten, dass er jedes Mal etwas kaufen muss. Daher müssen Sie ihm die Möglichkeit bieten, den Kontakt zu Ihnen aufzunehmen, Ihr Wissen abzurufen und damit in einer dauerhaften und fruchtbaren Verbindung zu bleiben. Nicht das Unternehmen entscheidet über den Kontakt, sondern der Kunde und Partner.

Mit dieser Strategie schaffen Sie sich eine eigene Marktlücke. Sie sorgen für eine erheblich höhere Sichtbarkeit in der digitalen Welt und erzeugen Anziehungskraft. Diese Strategie haben wir bereits bei zahlreichen Kunden implementiert. Aber ich bin mir sicher, dass wir damit gerade erst am Anfang stehen und auch Sie Ihr wissensbasiertes Geschäftsmodell der Zukunft wachstums- und erfolgsorientiert aufbauen.

Liefern – Dienen – Helfen

Die Grundidee unserer gesamten Clienting-Strategie – auf einen Satz reduziert – ist: »Unser Geschäft ist es, zu helfen, dass unsere Kunden selbst besser leben können.« In B2B-Sprache übersetzt heißt das: »Unser Geschäft ist es, zu helfen, dass unsere Kunden selbst bessere Geschäfte machen.« Wie bereits erwähnt: Für Sie und Ihre Kunden ist es besser, in einem Punkt zu helfen, als in zehn Punkten zu dienen.

Ich habe leider den Eindruck, dass sich die meisten Unternehmen heute noch in einer Produkt-, Marketing- und Zufriedenheitswelt befinden. Da ich in diesem Buch bereits darauf eingegangen bin, will ich hier bei der Aufzählung der Regeln die wichtigste Schlüsselaussage noch einmal betonen: Dienen reicht nicht – Helfen ist die neue Herausforderung. Es reicht nicht mehr, Umsatzstrategien zu entwickeln und dann zu schauen, wie man den Kunden dort unterbringt. Denn wenn dieser merkt, dass es Ihnen nur um sein Geld geht und nicht darum, dass es ihm gut geht, macht er sich schnell auf die Suche nach einem anderen Partner.

Vertrieb – Marktplätze – Plattformen

Heute ist jedes Business stark im Wandel. Während früher der Verkauf über Vertriebler ging – ich erinnere mich an die Zahl von 800.000 Verkäufern in Deutschland –, haben sich heute andere, effizientere Absatzmodelle entwickelt. Viele Unternehmen haben gar keine Verkäufer mehr: Amazon ist im Grunde eine Maschine, will aber trotzdem das kundenfreundlichste Unternehmen der Welt sein; FinTech-Start-ups arbeiten mit Robo-Advisor; UBS setzt im Netz auf digitale Vermögensberater. Google hat auf der Entwicklerkonferenz im Mai 2018 das System Duplex vorgestellt. Per künstlicher Intelligenz werden Termine beim Friseur und im Restaurant vereinbart. Das Gegenüber merkt nicht einmal, dass es mit einer Maschine spricht, denn mit »Aha« und »Mhm« werden menschliche Marotten eingepflegt, die jeden Verdacht im Keim ersticken. Viele regen sich darüber auf, dass das Menschliche verloren geht, aber der Trend wird sich weiter in diese Richtung entwickeln. Alles, was Standard ist, wird über kurz oder lang digital abgedeckt. Künstliche Intelligenz ist dabei erst am Anfang. Allein aus dieser Richtung werden viele neue Modelle entstehen, mit Kunden anders umzugehen.

Die Silicon-Valley-Welt hat ihr Businessmodell von Anfang an auf Plattformen aufgebaut. So konnte man den Kunden in den Mittelpunkt stellen und mit ihm gemeinsam neue Wege gehen. Prüfen Sie, ob Sie nicht auch ein solches Plattformgeschäft aufbauen können. Wenn nicht, bleiben trotzdem genügend Möglichkeiten, Ihr Geschäft neu zu erfinden und die Regeln zu brechen.

Zahlenbilanz – Nachhaltigkeitsbilanz – Spannungsbilanz

Immer mehr Unternehmen hinterfragen sich: Warum tun wir das, was wir tun? Und was genau wollen wir damit eigentlich erreichen? Welchen Beitrag liefern wir für andere? Diese Grundsatzfragen werden künftig immer mehr an Bedeutung gewinnen. Unternehmen werden nicht mehr auf einsamen Inseln leben können und dort tun und lassen, was sie wollen. Eine ausschließlich auf Wachstum, Umsatz- und Profitmaximierung ausgerichtete Strategie weicht immer mehr einem verantwortungsbewussten nachhaltigen Handeln. Das ist den neuen Rahmenbedingungen geschuldet, weil immer mehr potenzielle Mitarbeiter Unternehmen hinterfragen: Welcher Geschäftszweck wird verfolgt? Passt die Unternehmenskultur zu meinen Ansprüchen? Am Ende geht es sicherlich immer noch darum, die Zahlen zu erreichen, die wir brauchen. Aber es wird nicht mehr das einzige Ziel sein. Immer wichtiger wird zudem das »Wie«.

Die Europäische Union hat bereits eine Richtlinie herausgegeben (leider kein verbindliches Gesetz), das Unternehmen ab 500 Mitarbeiter auffordert, eine Nachhaltigkeitsbilanz zu erstellen. Ich habe mich lange gegen den Begriff Nachhaltigkeit gesträubt, weil ich auf zu vielen Kongressen Schönwetterreden gehört habe. Dort hatte ich keinen praktischen Input bekommen. Die Herausforderung wird deshalb darin bestehen, Nachhaltigkeit zu konkretisieren.

Mittlerweile können wir weltweit beobachten, wie uns Flutkatastrophen, Hitzerekorde, Tornados und Hurricanes die Auswirkungen des Klimawandels vor Augen führen. Letztendlich wird jedem bewusst sein, dass wir nicht mehr so weitermachen können wie bisher. Unternehmen werden dabei zukünftig eine wichtige Rolle spielen, denn sie können durch Eigeninitiative CO_2-Werte, Klima und Umwelt positiv beeinflussen. Wir müssen jetzt alle Verantwortung übernehmen und Nachhaltigkeit konkretisieren. Sie können auf YouTube ein Video von mir abrufen, in dem ich mit meinem Gesprächspartner konkretisiere, wie ein CSR-Index (Corporate Social Responsibility) aussehen könnte.

Damit kommen wir zur dritten Ebene. Was ist meine Spannungsbilanz? Wie spannend bin ich für meine Kunden, Mitarbeiter und Partner? Bin ich austauschbar oder bin ich so einzigartig, dass sich eine Zusammenarbeit mit meinem Unternehmen lohnt? Diese Fragen sollten Sie sich heute stellen, wenn Sie mit Kunden in Kontakt kommen. Bieten Sie gleichzeitig Antworten mit Anziehungskraft. Und dann Service, der bindet.

KAPITEL 13

KNOWLEDGE CLIENTING® – DIE FÄHIGKEIT, DAS EIGENE BUSINESS DURCH WISSEN ZU DIGITALISIEREN

... und die Herausforderung, es zum Erfolg zu führen

2010 hatten wir uns mit zukunftsorientierten Konzepten neu aufgestellt, die sich an der zunehmenden Digitalisierung orientierten. Mit diesen Konzepten konnten wir eine große Nachfrage für digitale Kundenstrategien entwickeln. Viele Unternehmen hatten bereits zu diesem Zeitpunkt den Eindruck, dass sie unter Kundengesichtspunkten überhaupt nicht zukunftsorientiert aufgestellt sind. Wir entwickelten – und das tun wir bis heute – zuerst einmal die richtige Zukunftsstrategie, die auf Innovation oder sogar Disruption abzielte. Eine Fachanwaltskanzlei für Erbrecht hatte uns beauftragt, eine auf ihre Fachrichtung zugeschnittene Strategie zu entwickeln. Wir erfanden im Verlauf dieser Strategieentwicklung den Begriff »Erbschutz«. Mit diesem Anspruch konnten die Anwälte bereits in einer Frühphase aktiv werden und als Berater und Mediatoren tätig sein. Und nicht erst dann, wenn es bereits erbrechtliche Streitigkeiten gibt.

Insbesondere die Digitalisierung zwingt uns dazu, neue Geschäftsmodelle zu entwickeln. Es funktioniert nicht, ein bestehendes Geschäftsmodell eins zu eins im Internet abzubilden. Jede neue Strategie muss den Kunden innovativ ansprechen, denn genau das erwartet er heute von der Online-Welt, keinesfalls weniger. Es geht nicht mehr nur um Positionierung, sondern darum, eine Lücke zu entdecken, die andere noch nicht gesehen haben.

Den Begriff »Positionierung« mochte ich übrigens noch nie, denn Positionierung war schon immer viel zu wenig. Fragen wir Wikipedia:

»Die Positionierung im Marketing bezeichnet das gezielte, planmäßige Schaffen und Herausstellen von Stärken und Qualitäten, durch die sich eine Marke – ein Unternehmen/eine Organisation, ein Produkt oder eine Dienstleistung – in der Einschätzung der Zielgruppe klar und positiv von anderen Produkten oder Dienstleistungen unterscheidet.«

Positionierung hat den Zweck, dass der Kunde weiß, wo und wofür Sie stehen. Mit anderen Worten: Er wird von Ihnen immer nur maximal das erwarten, was Sie mit Ihrer Positionierung zu vermitteln suchen. Kunden sind aber immer auf der Suche nach dem Besonderen, dem Unerwarteten: Besondere Produkte. Besondere Dienstleistungen. Besonderer Service. 08/15-Ware kann er an jeder Ecke finden. Erst wenn er zu Ihnen kommt, weil er bei anderen nicht fündig geworden ist, haben Sie ihn und seine Bedürfnisse verstanden. Gerade in der Online-Welt ist diese Einstellung ein Wegbereiter. Als ich mich mit der digitalen Welt beschäftigte, hagelte es – wie fast immer, wenn ich neue Themen anpackte – Kritik, dieses Mal von anerkannten Internetexperten, die mir geraten haben, doch beim Thema »Kunde« zu bleiben. Ich konterte: »Wenn der Kunde in die digitale Welt geht, ist es meine Aufgabe, ihn auf seinem Weg zu begleiten.« Auch für mich selbst gilt das Gebot »Raus aus der Vergleichbarkeit«.

Wir waren gefordert, neue Lösungen zu bieten. Wir mussten uns mit Google intensiv auseinandersetzen, denn Google war und ist bis heute zentral für den Erfolg eines Unternehmens in der digitalen Welt. Ich stellte mir zu Beginn unserer Bemühungen die Frage, ob eine Lücke existiert, die man vielleicht vorher noch nicht gesehen hat. Und tatsächlich wurden wir fündig. Google denkt nicht als Anbieter, sondern denkt so, wie die Kunden denken. Das ist ein sehr zentraler Ansatz, der so von anderen nicht gelebt wird. Denn wenn Google versteht, wie Kunden denken, wird Google damit sehr viel mehr Geld verdienen können. Im nächsten Schritt entdeckten wir eine Software, mit der man sehen kann, welche Keywords die Kunden jeden Monat bevorzugt in die Suchleiste eingeben. Ich war begeistert, denn ich konnte auf einmal beweisen, dass Homepages falsch aufgebaut sind, weil sie oft das entscheidende Keyword gar nicht gelistet haben.

Dazu ein schönes Beispiel aus dem Friseurbereich: Kurz vor meinem Vortrag vor den Mitgliedern der 5-Sterne-Friseurkette »Intercoiffure« kam ein Friseur begeistert auf mich zu und sagte: »Alles hat funktioniert. Ich habe meine Anfragen, Termine und Kunden pro Monat vervielfacht.« Ich fragte sofort nach, wie ihm das gelungen war. Und er sagte freudestrahlend: »Deine Idee, zu checken, was die Kunden bei Google suchen, war Gold wert.« Als ich wissen wollte, welches Keyword er denn gefunden hatte, sagte er: »Ganz einfach: blond färben.« Ich war selbst etwas überrascht, aber im Nachhinein war es klar: Heute suchen Kund:innen im Internet, wie man sich die Haare am besten blond färben lassen kann. Er hatte seine Lücke gefunden und konnte damit sogar Kund:innen aus ganz Deutschland anziehen, nicht nur die Färbewilligen aus seiner Stadt. Jeden Monat konnte er neue Kund:innen dazugewinnen. Das Beispiel war natürlich spitze, und so eröffnete ich den anschließenden Vortrag mit den Worten: »Was glauben Sie, welche Keywords suchen Ihre Kund:innen im Internet am meisten?« Die Antworten glichen sich wie ein Ei dem anderen: »Top-Friseure in …« Es gab noch weitere Beispiele. Aber alles drehte sich um die eigene Welt. Keiner ist über die Brücke gegangen, um mit den Augen des Kunden zu schauen.

Heute nennen wir das »Mindset«. Ich sage es einmal mit meinen Worten: »Es ist die Fähigkeit, mit den Augen des Kunden schauen zu können. Und diese Fähigkeit ist nicht angeboren, sie muss entwickelt werden.« Konsequenterweise sollte man sich die Frage stellen: »Was würde der Kunde denken und suchen?« In der digitalen Welt ist das heute immer noch eine echte Herausforderung.

Auch wenn es aus der frühen Phase des digitalen Kunden stammt, möchte ich ein weiteres Beispiel aus der Möbelbranche nennen. Es ist symptomatisch für den Willen, in der eigenen Welt verhaftet zu sein. Mitten in einem Vortrag zum Thema »Erster im Kopf des digitalen Kunden« stand ein Möbelhändler auf und sagte mit leicht giftigem Unterton: »Sie glauben doch nicht im Ernst, dass Möbel auch noch online gekauft werden!« Darauf hatte ich gewartet. Bei meiner Recherche hatte ich nämlich festgestellt, dass nach Keywords wie »Möbel online kaufen« 100.000 Mal pro Monat gesucht wurde. Und zu diesem Zeitpunkt gab es noch gar keine Online-Möbelhändler. Das hat sich mittlerweile natürlich massiv geändert. Jedenfalls war es – nachdem ich die Charts mit den Keywords angezeigt hatte – eine ganze Zeit ruhig im Raum. Ich kann nur hoffen, dass der Möbelhändler damals im Kopf kurzfristig umgeschaltet hat.

Ich muss leider noch über weitere Erfahrungen berichten, die ich – während ich an diesem Buch schrieb – immer wieder persönlich machen musste. Ich würde es die neue digitale Servicewüste Deutschland nennen. Unternehmen haben, um Kosten zu sparen, immer mehr ins Netz verlagert und zwingen den Kunden, sich auf das Angebot und das Unternehmen einzustellen. Viele verzweifeln an dieser Strategie. Am Ende bleibt nur das Callcenter – mit oft unerträglich langen Wartezeiten.

Die Software, das Online-Tool, ist oft völlig kundenunfreundlich programmiert. Ein Fehler, und man fliegt komplett raus aus dem System und kann von vorn anfangen. Ein Beispiel aus der Praxis: Einer der führenden deutschen Autovermieter hat das Abogeschäft für sich entdeckt. Das macht durchaus Sinn in Zeiten, wo mangels Chips keine Neuwagen ausgeliefert werden können. Was weniger Sinn macht, ist der Einsatz einer unausgereiften Software aus den USA. Sie müssen Profi sein, um zu wissen, dass Sie Düsseldorf nicht mit dem Umlaut »ü« eingeben dürfen, sondern mit »ue«. Aber das war nur eine der Klippen, um das Abo online abschließen zu dürfen. Mein konkreter Vorschlag an das Unternehmen: Setzen Sie vorher Kunden an das System und nehmen Sie mit einer Kamera auf, wie sich diese verhalten und was sie verstehen und was sie nicht verstehen. Denn sonst kann man es sich sparen, fünf Minuten später eine Mail zuzustellen mit dem Betreff: »Ihre Meinung ist uns wichtig«.

Auch Google entwickelt sich permanent weiter. Das Unternehmen hat mit Updates immer wieder neue Vorgaben gemacht und bewertet heute nicht nur das Keyword, sondern vor allem die Relevanz für den Kunden. Damit schließt sich auch wieder der Kreis, denn je mehr Content und damit wertvolles Wissen Sie Ihren Kunden zur Verfügung stellen, desto mehr Zeit verbringt Ihr Kunde auf Ihrer Seite. Damit bescheinigt er Ihnen genau die Relevanz, die Sie benötigen, um in den Suchergebnissen aufzusteigen. Google ist übrigens extrem hart und gibt Ihnen nur wenige Sekunden. Wenn der Besucher innerhalb dieser Zeit wieder abspringt, wertet Google die Seite ab. Seit Jahren befinden sich deshalb auf den Homepages, die wir entwickeln, Videos am Seitenanfang, was mehrere wichtige Gründe hat. Über viele Jahre wurden in Unternehmen kaum Videos eingesetzt, weil die Programmierer der Ansicht waren, dass Google die sowieso nicht ausliest. Doppelt falsch, denn zum einen ist die zweitwichtigste Suchmaschine YouTube. Und zum anderen ist YouTube bereits seit 2006 eine Tochtergesellschaft von Google. Eine Suchmaschine kommt schließlich selten allein. Ein Schelm, wer dabei vermutet, dass Google seine Tochter pusht. Zweitens sollte man sich dann die eigenen Videos bei YouTube genauer anschauen. Die sind dort im Backend in drei Bereiche aufgeteilt. Der obere Bereich ist die Headline, die von Google gelesen und damit indiziert wird. Die größte Autohandelsgruppe aus der Schweiz rief mich an und sagte: »Wir haben die Videos hochgeladen – und nichts passiert.« Ich schaute nach und traute meinen Augen nicht: Dort oben stand nur der Wert für die Auflösung des Videos. Ganz wichtig ist es, dort die wesentliche Message des Videos reinzupacken. Man sagt, das Video selbst wird nicht indiziert. Ich glaube nicht, dass das stimmt. Spätestens seit 9/11 ist Google in der Lage, alles zu transkribieren, unter anderem auch Video in

Text. Aber im Backend gibt es eine weitere geniale Möglichkeit: im dritten Bereich unterhalb des Videos. Dort haben Sie die Möglichkeit, Beschreibungstexte einzupflegen. Was allerdings keiner macht. Und um den Kreis der YouTube-Vermarktung zu schließen: Wenn Ihr Video kürzer als drei Minuten ist, lässt sich der Text mit einem Softwaretool auslesen und in Text umwandeln. Damit können Sie den Audio-Inhalt des Videos verfügbar machen. Und auch das ist dann willkommener Lesestoff für Google. Jetzt müssen Sie nur noch darauf achten, dass Ihr Video hoch relevante Keywords enthält. Und schon haben Sie alles Menschenmögliche getan, um Ihre Inhalte zu pushen. So kann Ihr Wissen auch sehr pragmatisch umgesetzt werden.

Sie sehen, dass die Digitalisierung für den Kunden in kleinen wie in großen Schritten abläuft.

Wenn Sie Interesse haben, gehen Sie einmal auf die Seiten unseres Kunden Dr. Pies, Kieferorthopäde in Remscheid: www.kforemscheid.de. Dr. Pies ist nicht nur ein interessanter Vorzeigekunde für eine Videostrategie, sondern auch für eine neue Zukunftsstrategie. Gemeinsam mit der Praxis Dr. Pies haben wir eine neue Marke ins Leben gerufen: SPORTHODONTICS®. Hierbei geht es um die Ausbalancierung des gesamten Körpers, um schmerzfrei Sport zu treiben und leistungsfähiger zu sein. Viele Sportler leiden unter Verspannungen und Schmerzen während und nach dem Sport. Die Ursache kann oftmals eine Kieferfehlstellung sein, die sich dann über den gesamten Bewegungsapparat ausweitet. Durch SPORTHODONTICS® und die Sportzahnschienen »Sport Active Aligners« von Dr. Pies kann diese Fehlstellung wieder ausgeglichen werden. Damit hat sich Herr Dr. Pies ein neues zukunftweisendes Geschäftsfeld aufgebaut. Nur durch das über Jahrzehnte gesammelte Erfahrungswissen hat die Praxis das nötige Know-how, um Sportlern genau die individuelle Lösung anzubieten, die sie für ihre Sportart benötigen. Auf seiner Seite finden Sie eine 3D-Darstellung der Praxis, die dem potenziellen Patienten beim ersten Besuch das Gefühl vermittelt, die Praxis und deren Mitarbeiter bereits zu kennen, ohne vorher einen Fuß über die Türschwelle gesetzt zu haben.

Ein weltweit tätiges Unternehmen aus dem Bereich »Water Engineering Performance« verfolgt ebenfalls eine Videostrategie. Hier ist die 3D-Darstellung des Innovation Lab mehr als sehenswert. Für beide Unternehmen haben wir übrigens eine umfassende Zukunftsstrategie entwickelt.

Die digitale Welt bietet eine fantastische Chance, einen der wesentlichen Grundsätze der Clienting-Strategie umzusetzen: die Beziehung. Über viele Jahre wurde die Clienting-Strategie bei Wikipedia als Beziehungslehre definiert. Die Beziehung entscheidet in der heutigen Welt über den Gewinn. Die Frage, die heute gestellt werden muss, lautet: Wie finden Kontakte eigentlich statt? Nur ab und zu? Oder eher zufällig? Wenn der Kunde Bedarf signalisiert? Autobauer nehmen Kontakt zum Kunden erst kurz vor Ablauf des Leasingvertrags auf. Dann kann es schon viel zu spät sein.

Und es geht weiter. Wenn ich Immobilienmakler bin, dann ist mir bewusst, dass ein Käufer in der Regel nur einmal im Leben ein Haus kauft. Warum sollte ich also eine Beziehung zu ihm aufbauen? Lieber zum nächsten Kaufinteressenten, der braucht jetzt schließlich meine volle Aufmerksamkeit. Auch hier gibt es wieder ein konkretes Kundenbeispiel. Als wir für einen Bauunternehmer eine Verkaufsstrategie entwickeln sollten, bat ich darum, seine Kunden befragen zu dürfen. Der Unternehmer willigte mit gemischten Gefühlen ein. Sein Argument: »Ich kenne meine Kunden. Ich mache das schließlich schon eine ganze Weile.« Doch ich ließ nicht locker. Ich befragte die Kunden, die zu dem Zeitpunkt ein Haus bauen wollten und bereits ein Angebot erhalten hatten. Es kristallisierte sich heraus, dass alle dieselben Bedenken teilten: Sie hatten Angst vor einer Fehlentscheidung. Sie hatten Angst, dass das Bauunternehmen pleitegeht, Angst vor Pfusch am Bau. Aus den Medien wussten sie, dass die schwarzen Schafe unter den Bauunternehmern sich gelegentlich aus der Verantwortung stehlen, indem sie Insolvenz anmelden. Am nächsten Tag erzählte ich das dem Bauunternehmer. Er schaute mich etwas mitleidig an. Sein erster Kommentar war: »Herr Geffroy, Sie haben wohl noch nie gebaut? Dann wissen Sie, dass es immer so ist. Die Angst hat doch im Grunde jeder. Und jeder Bauunternehmer muss damit leben. Der Kunde unterschreibt am Ende bei dem Bauunternehmen, bei dem er das beste Bauchgefühl hat.« Ich prallte also ab. Am nächsten Tag ging ich wieder zu ihm und schlug ihm vor, zum TÜV zu gehen. »Was soll ich da?«, war seine erste Reaktion.

Und meine Antwort lautete: »Ich möchte, dass der TÜV Ihre Häuser abnimmt.« Der TÜV wusste damals nicht, wie man ein Haus abnimmt. Dafür wurden deshalb gemeinsam die Kriterien festgelegt. Mein Kunde war der Erste, der vom TÜV abgesegnete Häuser verkaufte. Wenn man so will, habe ich »TÜV für Bauen« in Deutschland eingeführt. Der Erste zu sein, ist immer ein enormer Wettbewerbsvorteil.

Aber das Konzept wurde weiterentwickelt. Das Unternehmen schloss einen Vertrag mit einer Versicherung ab, die garantierte, dass das Haus auch im Falle der Insolvenz des Bauträgers fertiggestellt wird. Und eine weitere Idee wurde umgesetzt, um die Beziehung zum Kunden, der normalerweise nur einmal kauft, auf eine dauerhafte Basis zu stellen: Kunden konnten einen Betreuungsvertrag für das ganze Haus auf Jahresbasis abschließen, der alle Gewerke abdecken konnte. Wer ein Haus hat, der weiß, wie wichtig es ist, die richtigen Handwerker zur Hand auf Abruf zu haben. So konnten die Handwerker immer eingesetzt werden, der Kunde hatte alles aus einer Hand – und man war immer präsent. Dadurch konnten die Empfehlungen vervielfacht werden. Und der Umsatz mehr als verdoppelt.

So wurde aus einem Einmalkunden eine dauerhafte Beziehung. Heute wäre es noch einfacher: Mit einer App könnte man alle Daten über das Haus erfassen und bei Bedarf den Handwerker bestellen. Weil der bereits vorab auf alle wesentlichen Daten zugreifen kann, ist er bereits vor Anfahrt im Bilde. So kann man Technologie, Beziehungen und Wissen modern verbinden.

Wie sieht Ihr Beziehungsindex aus? Heute ist es für jedes Unternehmen über unseren Knowledge-Clienting-Ansatz möglich, dauerhafte Beziehungen aufzubauen, indem man den Kunden mit den wichtigsten Knowledge Nuggets versorgt, die ihm helfen, besser zu leben oder bessere Geschäfte zu machen. Heute gibt es sehr interessante Funnel-Management-Systeme, die es dem Unternehmen leicht machen, die Beziehungen auf ein neues Level zu heben.

Als letztes Beispiel in dieser Kategorie möchte ich einen Kunden aus dem Medizinbereich anführen, der ein Gerät zur Schmerztherapie entwickelt hatte. Jahrelang versuchte er, dieses Gerät über Ärzte zu verkaufen, ist aber immer wieder gescheitert. Nach einem Strategie-Coaching entdeckten wir ein Keyword: *Schmerzfrei leben.* Es ging bei der Suche nicht darum, dieses Gerät zu finden. Es ging den Menschen darum, eine Lösung und Antworten zu finden, weil sie von Arzt zu Arzt laufen, ihre chronischen Schmerzen aber nicht loswerden, die sie seit Jahren quälen. Als seine Seite online ging, hatte der Entwickler des Geräts endlich eine Möglichkeit für sich gefunden, auch ohne Ärzte erfolgreich sein zu können. Nach dem aktuellen Strategie-Coaching unter Knowledge-Clienting-Gesichtspunkten baut er jetzt eine Akademie auf, die es in dieser Form noch nicht gibt. Das ist digitale Kundenzentrierung in Reinkultur. Die Möglichkeiten, den Kunden digital mit Wissen zu versorgen und ihn so zu binden, sind praktisch unbegrenzt. So haben wir bei Produkteinführungen einen digitalen Verkäufer entwickelt, den wir »Salesmonial« genannt haben, eine Kombination aus *Sales* und *Testimonial.* Interaktiv können Sie sich unabhängig vom Verkäufer die Informationen über das neue Produkt holen. Das Salesmonial deckt damit die wichtigsten Fragen ab, die ein Kunde stellen könnte. Und es läuft 24 Stunden, 365 Tage.

Natürlich ergeben sich heute in der Online-Welt unendlich viele neue Möglichkeiten und Chancen, Produkte zu präsentieren. Salesmonial kann allerdings von potenziellen Kunden zu jedem Zeitpunkt selbst interaktiv bedient werden. Kunden werden in der digitalen Welt immer erfahrener und wollen auch entsprechend angesprochen werden. Der intelligente Kunde möchte auch gar nicht unbedingt, dass ihm etwas verkauft wird. Er möchte, dass ihm geholfen wird. Was bietet sich da besser an, als echtes Expertenwissen zur Verfügung zu stellen? Beobachten wir nur unsere Kinder, die längst gelernt haben, digital zu denken und zu handeln. Sie wissen, wie man sich mit Wissen versorgt, denn sie wissen, wo sie suchen müssen. Ihre Kunden glauben auch, das zu wissen. Deshalb kommen sie zu Ihnen. Enttäuschen Sie sie nicht.

KAPITEL 14
DAS WISSEN ALS GESCHÄFTSMODELL

... und das Knowledge-Nuggets-System

Wenn ich das Ganze rückblickend betrachte, dann war das Thema Wissen bereits über einen langen Zeitraum ein ständiger und treuer Wegbegleiter meiner geschäftlichen Entwicklung. Es begann, als ich – wie bereits erwähnt – Anfang der Neunziger die durch den Zweiten Golfkrieg ausgelöste Stornowelle zu spüren bekam. Bis zu diesem Zeitpunkt wuchs mein Unternehmen um durchschnittlich 40 Prozent pro Jahr. Ich hatte bereits in einem früheren Kapitel darüber berichtet. Ich kam zwar aus der Krise raus, aber mir war klar, dass ich besser früher als später mein Geschäftsmodell ändern sollte. In einem Kurzurlaub habe ich dann das Buch *Machtbeben* von Alvin Toffler gelesen. Der Untertitel lautete: *Wissen, Wohlstand und Macht im 21. Jahrhundert.* Das Buch war für mich richtungsweisend.

Ich änderte mein Geschäftsmodell, indem ich mich zuerst einmal auf Vorträge spezialisierte, ein Bereich, den ich vorher nicht bedient hatte. Bis heute habe ich mehr als 4.000 Vorträge und Keynotes gehalten. Ich war in meiner Karriere noch ein zweites Mal tief beeindruckt, und zwar durch ein visionäres Video von Apple. Sie können es unter dem Titel »Knowledge Navigator« bei YouTube abrufen. Selbst heute, mehr als 30 Jahre nach Erscheinen, hat es nichts von seiner Kraft eingebüßt. Fast alle dort vorgestellten visionären Leistungen sind mittlerweile umgesetzt – bis auf ein entscheidendes Thema: die künstliche Intelligenz. Hier besteht aktuell noch ziemlich viel Luft nach oben. Aber dass es in der Zukunft um das Sammeln von Informationen und Wissen gehen wird, war damals schon allen bewusst.

Als wir die Knowledge-Clienting-Strategie weiterentwickelten, stellte sich heraus, was aus Kundensicht unterm Strich den Unterschied ausmacht: die Erfahrung der Mitarbeiter. Die Digitalisierung geht in die nächste Stufe, weil Sie Ihren Kunden heute Wissen digital zur Verfügung stellen können. Damit haben Sie die dritte Ebene neben Produkt und Service im Kundensinne umgesetzt.

Ich habe immer dafür plädiert, Wissen zu demokratisieren. Mit anderen Worten: Wissen darf nicht in den Köpfen weniger Menschen wie der Heilige Gral gehütet werden, sondern sollte allen Kunden, Mitarbeitern und Partnern zur Verfügung gestellt werden. So entsteht eine neue Intelligenz im Unternehmen zum Vorteil aller Beteiligten. Durch das Vernetzen des Wissens von Kunden, Mitarbeitern und Partnern entsteht ein neues Wir-Gefühl. Endlich ist niemand mehr außen vor, jeder ist Bestandteil des Erfolges. Ihre Sichtbarkeit wird automatisch zunehmen, weil Sie in den sozialen Medien ganz anders auftreten können. Mit diesem Geschäftsmodell können wir eine der großen Herausforderungen für Unternehmen konkretisieren: die Nachhaltigkeit. Wenn wir Nachhaltigkeit erzeugen möchten, dann müssen wir Verantwortung übernehmen. Für das Land und die Welt, in der wir leben, aber auch für unser Unternehmen, unsere Mitarbeiter, Kunden und Partner. Wer ein Businessmodell aufgebaut hat, in dem alle miteinander vernetzt sind, wird die Herausforderungen in Bezug auf Klima- und Umweltschutz deutlich besser meistern können.

Für größere Unternehmen ist es heute schon verpflichtend, diese weichen Faktoren in der Geschäftsbilanz zu veröffentlichen. Ich bin überzeugt davon, dass die Europäische Union weiter daran arbeiten wird, dass eines Tages jedes Unternehmen diese Werte in seiner Bilanz darstellen muss.

Wir sehen heute fünf Umsetzungsmodelle unserer Knowledge-Clienting-Strategie, die ich nachfolgend beleuchten möchte.

1. Knowledge-Clienting-Strategie: Online

In diesem Modell sind diejenigen Unternehmen erfolgreich, die als Kerngeschäft Wissensplattformen betreiben. Neben den bekannten Anbietern wie Google, Apple, Facebook und Amazon etablieren sich auch insbesondere hier in Deutschland immer mehr Start-ups, die sich die Vermittlung von Wissen auf die Fahne geschrieben haben.

Trivago ist ein solches Unternehmen. Die Hotelsuchmaschine wird von der Community mitgestaltet und lässt deren Erfahrungen und Bewertungen einfließen. 2005 wurde das Unternehmen in Düsseldorf gegründet. Bereits 2012 wurden 61,6 Prozent der Anteile für 477 Millionen Euro an Expedia verkauft.

Eine völlig neue Idee für die Verbindung von Wissen und digitalen Möglichkeiten verkörpert das in Berlin gegründete Start-up Blinkist. Über 5.000 Sachbücher werden dort auf jeweils 15 Minuten Lesezeit komprimiert; 90 Prozent der Titel sind auch als Audiofiles verfügbar. Anhand der gelisteten Kernaussagen kann man schnell beurteilen, ob das Buch einen Kauf wert ist. 12,99 Euro pro Monat sind immerhin deutlich günstiger als ein Fehlgriff ins Bücherregal von Amazon.

Der Online-Broker Trade Republic, ebenfalls in Düsseldorf ansässig, wird derzeit mit 5 Milliarden Dollar bewertet. Die Direktbank N26 aus Berlin sogar mit 7,7 Milliarden. Das erste deutsche Start-up, das die 10-Milliarden-Schallmauer durchbrechen konnte, ist das Münchener Softwareunternehmen Celonis. 11,1 Milliarden standen Mitte 2021 auf der Anzeigetafel. Das Unternehmen hat sich auf Process Mining spezialisiert. Dabei werden Geschäftsprozesse digital abgebildet und auf verborgenes Prozesswissen analysiert. Auch hier ist Wissen Tagesgeschäft: Knowledge Clienting at its best!

2. Knowledge-Clienting-Strategie: Inside

Dieses Modell gilt praktisch für jedes Unternehmen, unabhängig von der Größe. In der Strategieberatung betreute ich vor Kurzem einen Unternehmer, der sein Unternehmen in zwei Jahren verkaufen möchte und eigentlich nur ein Konzept brauchte, wie er sich bei 1 Million Euro Umsatz so aufhübscht, dass er für Käufer interessant ist. Am Ende des Tages hatte er nicht nur dieses Ziel erreicht, sondern für sich und seine Mitarbeiter ein neues Geschäftsmodell geschaffen, wie er nach dem Verkauf weitermachen kann, ohne zum Wettbewerber des Käufers zu werden. Bei diesem Strategieansatz geht es darum, das vorhandene Wissen in den Köpfen der Mitarbeiter zu systematisieren, zu strukturieren und zu organisieren. Gerade die Erfahrung der Mitarbeiter und das kreative Potenzial gilt es zu dokumentieren. Hinzu kommt, dass wir gerade in den nächsten Jahren damit rechnen müssen, dass sehr viele Menschen ihr Unternehmen aus Altersgründen verlassen werden. Damit gehen auch hier höchst wertvolle Erfahrungen verloren. Unser Brain-Data-Ansatz stellt damit zuerst den Mitarbeiter in den Mittelpunkt. Allerdings wird der Mitarbeiter sein Wissen nur dann bereitwillig einbringen, wenn die Unternehmenskultur entsprechende Rahmenbedingungen geschaffen hat, die ihn zu diesem Schritt motivieren. Das wird eine der größten Herausforderungen für Unternehmen werden: eine Kultur zu schaffen, bei der sich der Mitarbeiter wohlfühlt. Er muss wissen, dass er bei jedem Schritt in die Zukunft mitgenommen wird. Es gilt also, die digitale Wissensplattformen nach innen zu schaffen. Glücklicherweise gibt es mittlerweile auch mehrere Anbieter, die es ermöglichen, das Mitarbeiterwissen zu strukturieren. Als Big Player auf diesem Gebiet möchte sich auch Microsoft mit der Employee Experience Platform (EXP) »Viva« auf dem Markt etablieren. Das System wird von Microsoft 365 unterstützt und über Microsoft Teams verwendet. Mitarbeitererfahrungen, Kommunikation, Wissen, Lernen, Ressourcen: All das wird zusammengeführt und strukturiert zur Verfügung gestellt. Ich bin froh, dass man heute auf solche Systeme zugreifen kann.

Alle diesbezüglichen Studien bestätigen, dass sich Mitarbeiter weiterentwickeln möchten. Sie wollen in ihren eigenen Erfolg investieren. Was liegt da näher, als die Interessen aller gemeinsam in ein System einzubringen? Wissen wird damit im Unternehmen von allen akzeptiert, es gibt kein Gralswissen mehr. Und zum Vorteil des Kunden ist dieses Wissen jetzt jederzeit abrufbereit. Intensiver Austausch und Kooperation sind für jedes Unternehmen die wichtigsten Erfolgsbausteine. Dabei ist es auch nicht mehr wichtig, dass sich alle in einem Raum befinden. In der Coronazeit haben wir gelernt, von zu Hause aus zu arbeiten. Homeoffice, Remote Work, Videocalls, virtuelle Meetings: Das alles ist nach zwei Jahren Pandemie selbstverständlicher Teil des Vokabulars und des gemeinsamen Arbeitsprozesses geworden. Teams können jetzt weltweit virtuell zusammenarbeiten und Projekte gemeinsam umsetzen. Wenn jetzt das Wissen abrufbereit zur Verfügung steht, wird das *Brain Capital* immer weiter entwickelt. Davon werden Unternehmen zukünftig massiv profitieren. Kommunikation hat damit ein völlig neues Level erreicht.

Diese neue Welt generiert auch neue Experten. Die Systeme sind heute in der Lage herauszufiltern, wer zu einem Thema das wertvollste Wissen beisteuern kann, um Lösungen zu finden. Wenn es gelingt, solche Experten zu verpflichten, kann das eigene Wissensreservoir laufend aufgestockt werden. Die Konsequenzen sind weitreichend: Das Unternehmen erhält einen höheren Status, was wiederum dafür sorgt, dass andere Topleute gern Teil des Teams wären. Eine positive Spirale wird in Gang gesetzt, denn wer Teil des Teams geworden ist und die Leistungsfähigkeit kennenlernt, möchte bleiben. Erst wenn man davon überzeugt ist, langfristig zu einer Gruppe zu gehören, gibt man vertrauensvoll sein Wissen ab. Unterm Strich bedeutet das: Solche Mitarbeiter sind die beste Innovationsquelle. Reduzierte Fluktuation, motivierte Mitarbeiter, neue Ideen, begeisterte Kunden. Die nächste Spirale. Alles ist jetzt machbar, wenn Unternehmen ihre alten Zöpfe abschneiden und Wissen als zentrale Chance definieren.

3. Knowledge-Clienting-Strategie: Experts

Dieses Strategiemodell kann praktisch von jedem Unternehmen und Selbstständigen umgesetzt werden. Während die beiden vorgenannten Strategien entweder direkt ein Geschäftsmodell erfordern, das auf Wissen basiert, oder eine bestimmte Mindestgröße voraussetzen, sind die Vorzeichen dieser dritten Strategie völlig andere. Hier fließt auch ein Großteil der Projekte ein, die wir mit unseren Kunden entwickeln. Es ist damit die Chance für jedes Unternehmen, deren Kunden Fragen haben, die noch nicht beantwortet worden sind. Sie können mit dieser Strategie zu einer Wissensquelle für Ihre Kunden werden. Mein Kunde Mirko van den Bruck ist Experte für Ästhetische Kieferorthopädie. Sein Video mit der Headline »Wie wird eine lose Zahnspange hergestellt?« ist mittlerweile 4,5 Millionen Mal bei YouTube aufgerufen worden. Diese Reichweite ist gelungen, ohne auch nur einen einzigen Cent für Werbung in die Hand zu nehmen. Sein Video auf der Startseite seiner Homepage ist stolze 26.171 Mal abgerufen worden. Wir haben vor einiger Zeit die Seite neu entwickelt und sind gespannt, wie es mit den Zahlen weitergehen wird. Gemeinsam haben wir zudem eine Knowledge-Nugget-Serie für seine Patienten gedreht: Online-Beratung auf Abruf in Reinkultur bei den entscheidenden Fragen, die jeder Patient hat.

Die Idee hinter dieser Strategie ist die »Triple A«-Vorgehensweise. Das erste »A« steht für die **Angebote** von Produkten oder Dienstleistungen. Sind die Produkte austauschbar, gibt es massive Wettbewerber oder Marktbegleiter, um es etwas netter auszudrücken. Dann gibt es dringenden Handlungsbedarf. Das zweite »A« steht für die **Akzeptanz** im Markt: Finden die Kunden noch von allein den Weg zu Ihnen? Das dritte »A« ist heute das Wichtigste: die **Antworten**. Wenn Sie Fragen Ihrer Kunden nicht beantworten können, werden Sie nicht als Wissensträger wahrgenommen. Der Kunde zieht weiter in der Hoffnung, seine Antworten woanders zu finden. Noch wichtiger – um wieder mit der Philosophie von Steve Jobs zu sprechen – sind die Antworten auf Fragen, die der Kunde gar nicht oder noch gar nicht gestellt hat. Sie haben jetzt eine neue Tür für Kunden geöffnet und können

Ihren Kunden Ihr Expertenwissen kostenlos oder kostenpflichtig zum Abruf zur Verfügung stellen, zum Beispiel in Form eines geschlossenen Benutzersystems.

Die sinnvollste Form für den ersten Schritt sind kurze Videos, die Sie bei YouTube einstellen. Die Plattform Vimeo bietet sich hingegen an, wenn Sie diese Informationen einem geschlossenen Benutzerkreis exklusiv anbieten wollen. Diese Videos müssen konsequent auf Nutzen fokussiert sein. Es darf nicht der Eindruck entstehen, dass es sich hier um einen Werbefilm handelt. In der Vorphase ist es entscheidend, gemeinsam mit den Mitarbeitern herauszuarbeiten, welche zentralen Fragen und Probleme der Kunde haben wird. Anschließend muss erörtert werden, mit welchen Videos man diese Fragen auflösen kann.

Für das Konzept des Video-Knowledge-Transfers gibt es inzwischen gute Beispiele. Gary Vaynerchuck wurde dadurch einst zum berühmtesten Social-Media-Experten der USA. Seine Karriere begann, als er seinem Publikum auf seine eigene extravagante Art Weine online vorstellte. Wenn ihm ein Wein nicht gepasst hatte, konnte es auch passieren, dass er diesen Wein gegen die Wand schlug oder in den Ausguss beförderte. So wurde er in kürzester Zeit weltweit berühmt. Und war irgendwann bekannter als Parker, der Old-School-Weinführer in Papierform.

Gary Vaynerchuk nutzte als einer der Ersten *Live Broadcasting.* Damit ist heute jeder in der Lage, live auf Sendung zu gehen. Eine Live-Sendung trug den Titel »Ask Gary« – also exakt der Grundansatz, den wir mit dieser Expertenstrategie vertreten: *Frag mich – ich bin der Experte, der dir sofort Rede und Antwort stehen kann.*

Ein weiterer bekannter Protagonist der Videoszene ist Dr. Johannes Wimmer. Anfangs hat er unter seinem Namen einen eigenen Videokanal bei YouTube betrieben und dafür Knowledge Nuggets zu medizinischen Themen produziert. Damit konnte er seinen Bekanntheitsgrad festigen und seinen Expertenstatus über das Internet vertausendfachen. Jetzt findet man seine Knowledge Nuggets auf dem Videokanal der Techniker Krankenkasse.

Außerdem wird er gern als Fachexperte in Talkshows eingeladen. Mit einem wiedererkennbaren Konzept wurden diese Videos von einer Hamburger Agentur produziert, deren Inhaber einst als Student ein Trend-Video mit uns produziert hatte.

Sie stellen sich jetzt vielleicht die Frage: Geht das wirklich so einfach? Die simple Antwort lautet: Ja. Auch hier fängt der Erfolg wieder im Kopf an. Man muss die Bereitschaft und den Willen mitbringen, diesen neuen Weg zu gehen. Sie müssen kein talentierter Schauspieler sein, um vor der Kamera zu glänzen. Seien Sie einfach authentisch. Wir haben mittlerweile über 500 Videos für uns und unsere Kunden produziert und dabei festgestellt, wie zielführend Authentizität wirklich ist.

In einem Vortrag in der Frankfurter Messehalle vor 2.000 Zuhörern stellte ich 1997 die Frage: »Was glauben Sie: Wie viele Fernsehsender wird es in zehn Jahren geben?« Die Antworten kamen ziemlich schnell: Ein paar sagten 500, einer vermutete sogar 1.000 Fernsehprogramme, und ein anderer verdoppelte sogar noch diese Zahl. Ich sagte: »Sie liegen alle falsch. Wir werden in zehn Jahren Millionen Fernsehprogramme haben, weil jeder in der Lage sein wird, sein eigener Sender zu sein.«

Weltweit gibt es heute 51 Millionen YouTube-Kanäle. Wer dort sichtbar sein möchte, braucht mit 08/15-Produktionen gar nicht mehr anzutreten. Gerade in der Wissensvermittlung hat die gute alte Webcam ausgedient, denn das Publikum ist anspruchsvoller geworden. Hochwertige Produktionen werden bevorzugt, denn die kennt man von den führenden YouTubern. Videos mit optimalem Licht-Setting, bester Ton- und Bildqualität, produziert mit pfiffiger Kameraführung und bearbeitet mit leistungsfähigen Schnittprogrammen, stehen ganz oben auf der Must-see-Liste der Zuschauer. Erfolgreiche Videos kommen ohne Drehbuch und Konzept kaum noch aus, denn auch eine kurze Botschaft braucht einen roten Faden. Fünf Sekunden nach Klick auf den Start-Button weiß man bereits, ob das Video sehenswert ist. Wie überall gilt auch auf YouTube die Prämisse: Wer auffallen möchte, muss sich abheben. Und am Ende muss auch ein Video, das Wissen vermittelt, nicht nur informativ sein, sondern auch unterhaltsam. Gewisse Entertainerqualitäten sollte man mitbringen, will man bewundert und weiterempfohlen statt bemitleidet werden. Für perfekt produzierte Topvideos gibt es nur zwei Konzepte: Entweder viel Zeit und Herzblut reinstecken und selbst machen – oder einen Profi beauftragen, der weiß, worauf es ankommt.

Wenn Sie YouTube als Akquiseinstrument einsetzen möchten, zählt nur eines: Relevanz. Kunden müssen wissen, dass Sie etwas zu bieten haben, was er entweder sucht oder noch nicht weiß. Das funktioniert am besten mit Einzigartigkeit. Es gibt bei YouTube gefühlt eine Million Kanäle, wo ich klicken kann, wenn ich einen iPhone-Test suche. Warum sollte ich ausgerechnet bei Ihnen fünf Minuten meines Lebens investieren?

Ihr Wissen und das Ihrer Mitarbeiter können Sie also über drei Wege einfach und praktisch multiplizieren. Der erste Weg ist die Produktion von Videos, die über die bekannten Plattformen oder auf der eigenen Webseite zur Verfügung gestellt werden. Der zweite Weg sind Webinare – Sie können sie auch Online-Seminare nennen –, in denen Sie mit Ihren Kunden live kommunizieren und alle anfallenden Fragen beantworten können. Diese Webinare können Sie auch als Record-Version zur Verfügung stellen, damit Kunden sich das auch später noch einmal abrufen können und diejenigen, die nicht dabei waren, trotzdem die Möglichkeit bekommen, sich die Inhalte anzuschauen. Vorteil der Live Session ist, dass Sie mit Ihren Kunden direkt in einen Dialog treten können. Der dritte Weg ist der Trend, über Social-Media-Kanäle live auf Sendung zu gehen. Ich finde es faszinierend, weil dies ohne jegliche Kosten funktioniert und jedes Unternehmen – unabhängig von der Größe – das umsetzen kann. Wir hatten für unsere Kunden früher mit einem erheblichen Zeit- und Kostenaufwand solche Sendungen organisiert. Und dabei gab es dann sogar noch Übertragungsprobleme. Das ist heute alles vom Tisch. Sie müssen nur starten. Und wenn Sie auch im Kopf umschalten und es nicht mehr als Social Media verstehen, sondern als Social Selling, dann haben Sie tatsächlich eine neue Kundenakquisitionsplattform geschaffen.

Wir selbst haben ebenfalls einen Funnel für Knowledge-Videos geschaffen: die »Geffroy Unternehmer Impulse«. In diesen zwei bis drei Minuten langen Videos beantworte ich eine Frage pro Session. In meiner Branche sind Videos ein Must-have, denn Berater und Redner gibt es wie Sand am Meer. Mit meinen rund 40 Jahren Beratererfahrung allein kann ich nicht mehr punkten. Wer einen Berater bucht, möchte vorher sehen, was der zu bieten hat, möchte sich durchs Projektportfolio und den YouTube-Kanal klicken. Gut fährt, wer seinen Köcher ausreichend mit Touchpoints gefüllt hat.

Wenn ein Experte eine Nische besetzt, die noch nicht nennenswert besetzt ist, dann geht es um Innovation und Neuausrichtung. Ein sehr schönes Bild dafür bietet die Blue-Ocean-Strategie: raus aus dem rot getränkten Haifischbecken und hinein in den tiefblauen Ozean, wo man allein auf weiter Flur Richtung Erfolg segeln kann. Wenn Sie dann in aller Ruhe ein Jahr lang Knowledge Nuggets für Ihre Kunden produzieren, können Sie sich ein einzigartiges System aufbauen, das Sie von allen anderen abhebt. Jeder potenzielle Wettbewerber, der das irgendwann begreift, muss erst einmal bei null anfangen und Ihren Vorsprung aufholen. Und wenn Sie es dann richtig anstellen, sind Sie in Ihrem Segment, Ihrer Nische, auf Jahre uneinholbar.

4. Knowledge-Clienting-Strategie: Learning

Unser erster Kunde, damals gewonnen durch meinen Partner Hias Oechsler, war die Cordes & Graefe Gruppe, heute ein Milliardenunternehmen und Marktführer in der Heizungs- und Sanitärbranche. Die Geschäftsleitung um Uwe Hollweg stellte sich auch die Frage: »Wie und wo können wir uns unterscheiden?« Denn am Ende kann man alle Artikel des Portfolios schließlich auch beim Wettbewerber kaufen. Sehr schnell war klar, dass viele Handwerker gute Handwerker sind, aber eher selten talentierte Verkäufer und Führungskräfte. Wir setzten deshalb ein Trainingsprogramm auf für den gesamten deutschsprachigen Raum. Natürlich unter der Federführung von

Hias Oechsler, der schließlich selbst Handwerker war. Wir schulten erfolgreich Handwerker landauf und landab zu den Themen »Verkaufen und Führung«. Es war ein großer Erfolg. Damals nannten wir es noch Kundenschulung und Marketing, im Laufe der Jahre hat sich das zunehmend Richtung Clienting entwickelt. Sicher wird Cordes & Graefe nach dem damaligen Erfolg eine eigene Akademie ins Leben gerufen haben. Die Chance in dieser Strategieform besteht darin, dass Sie nicht nur Wissen zur Verfügung stellen, sondern auch Ihre Kunden trainieren und ausbilden. Dazu passt am besten die Akademieform, denn in einer Akademie können Sie Online-Kurse, klassische Seminare und eine Ausbildung mit Zertifizierung anbieten.

Einer meiner besten Freunde ist Oliver Schmidt, Friseur mit Hunderten von Mitarbeitern. Er hat sehr früh die Möglichkeit erkannt, in seiner Branche mit einer Akademie neue Akzente zu setzen. Seine Akademie mit dem Namen »Oliver Schmidt Hair Academie« hat sich mittlerweile fest etabliert und bietet Kurse an, die Friseure geschäftlich erfolgreicher machen können. Hier ist natürlich das gesammelte Expertenwissen konzentriert, das dann über die Akademie abgerufen werden kann.

Oliver Schmidt ist ein sehr aktiver Unternehmer und hat kurz darauf ein weiteres Programm ins Leben gerufen, einen Online-Kurs mit dem Namen »Oliver Schmidt Concepts – Video Coaching für Friseure«. Auch dort vermittelt er sein geballtes Expertenwissen an Top-Friseure. Er ist sicherlich damit der Erste in seiner Branche, der konsequent Wissen in Training umsetzt.

Die Software für solche Konzepte ist heute in allen Preisklassen verfügbar. Wenn Sie nicht so weit gehen wollen, brauchen Sie nicht unbedingt eine Akademie. Sie könnten erst einmal mit einer Ausbildung oder mit einem Online-Kurs starten. Am Ende des Kurses können Sie den Absolventen ein Zertifikat ausstellen, damit diese ihr erworbenes Wissen im weiteren Verlauf ihrer Karriere nachweisen können.

Warum bin ich vom Thema Wissen so fasziniert? Vermutlich stammt mein Interesse aus meiner Zeit in der Finanzdienstleistung. Ich war dort jahrelang selbst Leiter einer Akademie, in der wir zu Spitzenzeiten bis zu 7.500 Finanzdienstleister ausgebildet hatten. Heute noch sieht man diese Akademie als einen wesentlichen Erfolgsfaktor für den Aufbau des Unternehmens. Ich selbst wollte damit eigentlich nur beweisen, dass meine Clienting-Strategie funktioniert. Das ist gelungen. Kumuliert erzielten wir rund 1 Milliarde Umsatz.

5. Knowledge-Clienting-Strategie: Intelligence

Wir sind in der Zukunft angekommen. Künstliche Intelligenz mag immer noch ein bisschen nach Zukunftsmusik klingen, aber das aktuelle Tempo verspricht, dass in ein paar Jahren die Welt der Kommunikation und ein paar andere Welten auf den Kopf gestellt werden.

Stellen wir uns jetzt einmal das Veränderungspotenzial vor, das solche Systeme mit sich bringen. Wir sind damit in der Lage, sprachgesteuert unser Wissen zu vermitteln und zu lernen. Ich möchte an dieser Stelle ein weiteres Beispiel nennen, das aufzeigt, wozu KI heute schon in der Lage ist. Corti.ai ist ein dänisches Unternehmen aus der Gesundheitsbranche. Ich lernte den heutigen Chief Sales Officer Florian Schwiecker bei meiner Arbeit für SPS Philips kennen und schätzen. Das Unternehmen hatte uns engagiert, um die bisherigen klassischen Diktiergeräte, die alle kennen, in die Cloud zu bringen. Im Zuge meiner Erfahrung mit der Einführung der Microsoft Cloud Office 365 entwickelten wir gemeinsam mit den Mitarbeitern und Partnern von Philips die Vermarktungsstrategie.

Nachdem die Einführung erfolgreich gelungen war, fasste Florian Schwiecker den Entschluss, zu Corti zu wechseln. Cortis Geschäftsmodell wird auf der hauseigenen Webseite wie folgt beschrieben: »Automatische Qualitätssicherung für alle Ihre Patientengespräche.« Es handelt sich um eine einfache, aber leistungsstarke KI-gestützte Infrastruktur, die bei Patientengesprächen mithört, Ihre Arbeitsbelastung reduziert und Fehler bei Patientengesprächen beseitigt. Hier wird eine Wissensplattform aufgebaut, die Leben retten kann. Wer selbst einmal in der Situation war, dass eine Fehleinschätzung des Arztes lebensgefährliche Konsequenzen hatte, wird es nachvollziehen können. Die KI-basierte Wissensplattform von Corti.ai kann hier helfen, Diagnosen früher verfügbar zu machen. Diagnosen, die dann auch eine weitaus höhere Qualität besitzen.

Wie man mit Wissen umgeht, weiß auch die ResearchGate GmbH, die 2008 in Berlin gegründet wurde. Sie betreibt ein Netzwerk aus rund 20 Millionen Wissenschaftlern und eine riesige Datenbank, die von den Mitgliedern unter der Voraussetzung genutzt werden kann, dass eine wissenschaftliche Publikation nachgewiesen wird. Auf der Plattform können Wissenschaftler kommunizieren und Fragen stellen, die vom System dann an die jeweiligen Fachgebietsexperten weitergeleitet werden. Kein Wunder, dass sich Bill Gates bei der letzten Finanzierungsrunde dort mit vielen Millionen beteiligt hat.

Mit allen fünf genannten Knowledge-Clienting-Strategien können Sie Ihr Wissen zum Vorteil Ihrer Kunden einsetzen. Sie entscheiden, welche Strategie für Sie am sinnvollsten ist.

KAPITEL 15
DIE WISSENSKRIEGER-STRATEGIE

... und wie Sie Ihre eigene Konjunktur erfolgreich gestalten

Steve Jobs war nicht mit anderen Unternehmenslenkern vergleichbar. Er sah Dinge und Märkte, die andere auch nicht ansatzweise erkannt haben. Er schaute mit anderen Augen. Die Frage, die er sich bei der Produktentwicklung am häufigsten stellte, lautete: »Wollen wir einen Markt decken oder wollen wir einen neuen Markt wecken?«

Steve Jobs ist der klassische Erfinder eines neuen wesentlichen Nutzens, den es vorher noch gar nicht gab. Er hatte einmal eine Kampagne gestartet mit dem berühmten Slogan »Think different«. Und genau dieses Denken hat sein ganzes Leben geprägt: Denke anders als alle anderen. In meinen Vorträgen ist das immer wieder eine meiner wesentlichen Aussagen. Die meisten Unternehmen denken darüber nach, wie sie ihre Ergebnisse, Gewinne und Profite erhöhen können. Ein weiterhin durchaus legitimes Ziel. Wenn wir andere und sogar bessere Ergebnisse erzielen wollen, müssen wir zwei Stufen vorher anfangen und die Bereitschaft mitbringen, anders zu denken.

Ich hatte ein persönliches Erlebnis während einer Ägypten-Rundreise. Die Reiseleiterin sagte im ägyptischen Museum in Kairo: »Unsere Pharaonen haben anders gedacht.« Das war das einzige Mal während dieser gesamten Rundreise, dass ich richtig wach wurde. Ich fragte nach, was sie damit meinte. Sie antwortete: »Unsere Pharaonen haben geglaubt, dass ihr Leben erst nach dem Tod so richtig losgeht.« Heute würden wir sagen mit Partys, Action und Oktoberfesten. Das war ihre Motivation, die Pyramiden von Gizeh zu bauen, von denen wir heute noch nicht genau wissen, wie sie es damals geschafft haben. Immerhin können wir sie heute als Weltwunder betrachten. Deshalb sage ich auch oft: »Schaffen Sie Ihr eigenes Wirtschaftswunder.« Manchmal ist es einfacher, als man glaubt. Es ist wirklich faszinierend, wie der Glaube Berge versetzen kann: Allein die Vorstellung von einem Leben nach dem Tod führte dazu, dass diese beeindruckende Mammutaufgabe gelöst wurde. Anderes Denken führt zu anderem Handeln und das führt zu anderen Ergebnissen. Damit kommen die Ergebnisse erst an dritter Stelle. Entscheidend wird sein, wie wir anders denken. Wenn wir beispielsweise denken, dass Kundenzufriedenheit wichtiger als Profit ist, handeln wir auch entsprechend. Entscheidend ist eigentlich nur, dass wir daran glauben.

Steve Jobs hat es mit »Think different« auf den Punkt gebracht. Schließlich wollte er damals den Apple Macintosh bauen, einen Computer, den jeder Mensch mit Leichtigkeit bedienen konnte. Wenn Sie jemals vor einem Computer mit dem damals üblichen Betriebssystem CPM gesessen haben und nur grün flatternde Zahlen und Buchstaben gesehen haben, dann können Sie sich das Ausmaß dieses Vorhabens, diesen destruktiven Ansatz, gut vorstellen. Ich war einer der ersten Käufer des Apple Macintosh und zahlte dafür ein kleines Vermögen. Mein erstes Buch hatte ich damals auf einem Macintosh geschrieben, und um diesem Buch den letzten Feinschliff zu verpassen, gönnte ich mir eine Woche Auszeit. Auf Mallorca gab es Ruhe satt. Aus Barcelona hatte ich mir damals einen Macintosh kommen lassen. Als dieser im Hotel ankam, gab es einen Menschenauflauf. Alle wollten dieses neue Wundergerät mit eigenen Augen sehen.

Wie bereits geschildert, hatte Steve Jobs damals für die Eingabe die neue Maustechnologie favorisiert. Wichtig ist immer zu erkennen, ob eine Innovation auch wirklich einen Nutzen generiert. Tatsächlich hatte diese Innovation erst in Verbindung mit der grafischen Oberfläche einen handfesten Nutzen. Das ist ein zentraler und wesentlicher Punkt, den wir gleich noch einmal ansprechen werden, wenn ich mit Ihnen die Knowledge-Clienting-Strategie entwickle.

Dahinter steht nicht nur eine geniale Portion Kreativität, sondern auch ein System. Vor jeder Entwicklung hat sich Steve Jobs mit der Frage auseinandergesetzt, ob der Kunde dieses neue Produkt auch tatsächlich braucht. Beim iPod hat er diese Frage auch mit einem klaren Ja beantwortet. Im Duett mit iTunes eroberte der pfiffige Zwerg die Musikwelt. Heute bestimmt die Digitalisierung immer mehr unser Leben. Im Jahre 2020 wurden 3,5 Milliarden Smartphones gezählt. Und in den beiden App Stores von Google und Apple gibt es mittlerweile 5,7 Millionen Anwendungen. Unglaublich, dass täglich neue dazukommen.

Sie haben es im Verlauf dieses Buchs gemerkt: Ich bin nach wie vor ein großer Steve-Jobs-Fan. Kein Wunder also, dass Ansätze seiner Strategien auch in unsere eigenen eingeflossen sind. Aus den Erkenntnissen unserer Arbeit in Hunderten Strategieworkshops habe ich zuerst die digitale Kundenstrategie Clienting entwickelt – und anschließend die Knowledge-Clienting-Strategie darauf aufgebaut. An dieser Stelle gut zu wissen: Unser Knowledge Navigator funktioniert auch ohne künstliche Intelligenz. Und das macht den Einstieg deutlich leichter.

Schauen wir uns an, wie eine Knowledge-Clienting-Strategie für Sie funktionieren könnte. Versuchen Sie zuerst, sich Ihre Zielgruppe der Zukunft vorzustellen. Die erste Schlüsselfrage lautet: Worauf kann eine Strategie basieren, die auch noch in fünf oder zehn Jahren funktionieren wird? Dann wird schnell klar, dass man sich von der Fokussierung auf Produkte verabschieden muss. Ich könnte sogar überziehen und die Frage stellen: Was ist die einzige Grundlage, die Sie in den nächsten 50 Jahren benötigen? Dann bleibt nur noch ein Thema übrig – und das sind die Menschen. Stellen Sie sich jetzt die nächste Frage: Gibt es eine neue Zielgruppe, die man bis jetzt noch gar nicht gesehen hat? Beispielsweise sind Kinder die Hauptzielgruppe von Kieferorthopäden, weil Kinder eine Zahnspange brauchen, damit sie später schöne Zähne haben. Allerdings gibt es heute die neue Zielgruppe der Erwachsenen, weil die heute deutlich mehr auf ihre Wirkung nach außen achten. Dadurch erweitert sich die Zielgruppe für Kieferorthopäden erheblich. Für einen unserer Kunden, einen Schraubenhersteller, war die Zielgruppe groß: jeder, der Schrauben braucht. Am Ende gab es aber Zielgruppen, die deutlich höhere Anforderungen an Schrauben haben, weil in diesen Fällen Schrauben einen extremen Sicherheitsstandard erfüllen müssen. Das gilt zum Beispiel für Bremsen im Automobilbereich oder für Hersteller von Flugzeuggetrieben. In diesen Fällen ist die Schraube ein komplexes Thema, die Zielgruppe zwar eher klein, aber durchaus hoch interessant. Denn bei diesen Zielgruppen spielt der Preis keine Rolle. Bei der Entwicklung des Wärmebodentechnikers spielte beispielsweise auch die Zielgruppe der Architekten eine ganz entscheidende Rolle. Schlicht und einfach deshalb, weil Architekten in der Regel daran interessiert sind, alles aus einer Hand geliefert zu bekommen, um die Probleme mit unterschiedlichen Gewerken zu reduzieren.

Zuerst betrachten wir also sehr genau die heutigen und anschließend die zukünftigen Zielgruppen. Nun gehen wir einen Schritt weiter und stellen uns eine weitere Frage: Welche Kundengruppe könnte ein sehr hohes Interesse an einem bestimmten Thema haben? Denn auf die Frage, wer die Zielgruppen von Apple sind, kann man sagen: alle. Von zwei Jahren bis 102 Jahren. Die Verbindung besteht darin, dass alle ein gemeinsames Interesse haben. Ich habe dafür – wie bereits erwähnt – einen eigenen Begriff kreiert: »Finden Sie den größten KBF (Kittelbrennfaktor) Ihrer Kunden.« Auf einer Skala von 0 bis 100 Prozent: Wie wichtig ist das aus der Sicht Ihres Kunden? Wenn es dieses oder jenes Produkt gäbe, würde das dann alles ändern? Wird damit das Leben des Kunden einfacher? Ist es etwas, was der Kunde tatsächlich braucht, was aber bis jetzt keiner liefern kann? Ist es so bedeutend, dass sich eine ganze Branche dadurch disruptiv verändern lässt?

Steve Jobs hatte als Kittelbrennfaktoren die Einfachheit und natürlich die Mobilität entdeckt. Ein extrem hohes Interesse konnte ausgelöst werden. Dann erfasst es auch viel mehr als eine Zielgruppe. Das ist die erste Stufe der Knowledge-Clienting-Strategie: nicht in Produkten denken, sondern in Interessengruppen. Was interessiert Ihre Kunden am meisten? Beobachten und befragen Sie Ihre Bestandskunden. Sie liefern Ihnen die Lösung natürlich nicht auf einem Silbertablett. Aber sie können schildern, was schön wäre, wenn es das geben würde. Kunden und natürlich auch Mitarbeiter sind die erste Wissensquelle für neue Geschäftsmodelle.

Die zweite Stufe geht jetzt noch intensiver auf den Kunden ein. Wenn wir uns auf die Suche nach den Kittelbrennfaktoren unserer Kunden machen, dann sind wir beispielsweise auch schnell bei der Erkenntnis, dass der Kunde nicht unbedingt ein Auto braucht, wenn er Mobilität für sich definieren soll. Gerade in dieser Branche gibt es signifikante Veränderungen. Damit sind nicht nur die Entwicklungen hin zur E-Mobilität gemeint, sondern ein durch und durch geändertes Kundenverhalten. Brauche ich noch ein eigenes Auto? Was muss ich überhaupt noch besitzen? Spotify ist tausendmal besser als eine CD-Sammlung. Warum muss ich Musik besitzen, wenn ich sie doch nur hören möchte? Warum soll ich mir noch eine Blu-Ray-Disc kaufen, wenn ich bei Netflix nahezu unendlich viele Filme für kleines Geld sehen kann? Was in diesen Bereichen schon seit Jahren selbstverständlich ist, nimmt auch im Automobilbereich mehr und mehr Fahrt auf. Es kommen immer mehr Anbieter auf den Markt, die Autoabos und Carsharing anbieten. Auch etablierte Anbieter wie Sixt mischen mit ihrem Aboangebot ganz vorn mit. Volkswagen steigt ebenfalls in dieses Segment ein und rechnet damit, dass bis zum Ende dieses Jahrzehnts 20 Prozent der Kunden Autoabos nutzen werden.

Die nächste Frage, die Sie sich im Zuge der Strategie stellen sollten, lautet: »Was sind die schönsten Träume Ihrer Kunden?« In der Strategieumsetzung für den Kieferorthopäden Mirko van den Bruck gab es eine interessante Erkenntnis: Als wir eine Patientin ein paar Tage nach der Behandlung fragten, was ihr am wichtigsten sei, sagte sie: »Ich kann endlich wieder lächeln. Mein ganzes Leben hat sich jetzt positiv verändert. Ich traue mich wieder rauszugehen. Ich habe jetzt ein ganz anderes Selbstbewusstsein.« Ich konnte es ehrlich gesagt nicht auf Anhieb verstehen. Mirko erklärte, dass Menschen, die keine schönen Zähne haben, intuitiv die Lippen zusammenhalten. Und damit kann man nicht lächeln. Manchmal sind es die kleinen Träume, die große Unterschiede ausmachen.

Träume sind die positive Variante der brennenden Probleme. Wovon träumen Ihre Kunden? Unternehmer träumen davon, mehr Zeit für sich und ihre Familie zu haben. So könnte man ein Konzept entwickeln: Schalten Sie mit unserem System um auf Autopilot, und Sie haben mehr Zeit für sich und andere. Fragen Sie sich, Ihre Kunden und Ihre Mitarbeiter: Wovon träumen wir? Welchen Anwalt sucht ein Mandant: den Fachanwalt für Erbrecht oder den Erbschützer?

Die dritte wesentliche Frage lautet: »Was sind die höchsten Motive Ihrer Kunden?« Ein ausschlaggebendes Motiv ist beispielsweise Angst. Wir hatten ja schon das Beispiel des Bauunternehmers, dessen Kunden von der Angst gesteuert wurden, durch Baupfusch in den Ruin getrieben zu werden. Ängste motivieren uns dazu, in Sicherheit zu investieren. Das können Versicherungen sein, Einbruchsschutz, Alarmanlagen. Das kann aber auch ein Auto sein, das eine Klasse größer ist, weil eine größere Knautschzone und mehr bestellbare Sicherheitsfeatures für ein besseres Gefühl sorgen. Oder denken Sie nur an Vorsorgekonzepte, mit denen im Fall der Fälle die Familie abgesichert ist.

Wenn es darum geht, Motive zu ergründen, sollten Sie sich zuerst die Frage stellen: »Warum soll der Kunde bei uns kaufen wollen?« Dann ist diese Frage genauso wichtig: »Was könnte den Kunden davon abhalten, bei uns zu kaufen? Welches Motiv könnte ihn dazu bewegen, beim Wettbewerber zu kaufen?« Jede Münze hat zwei Seiten. Und Umdrehen kostet nichts. Schaffen Sie dazu in Ihrem Unternehmen einen Innovationszirkel, der regelmäßig solche Fragen stellt und diesen auf den Grund geht.

Kommen wir zum dritten Schritt der Knowledge-Clienting-Strategie und stellen wir uns die Frage: »Was ist die Nutzen-Innovation?« Das ist jetzt der Lösungsteil des Problems, das eine Strategie überhaupt erst erforderlich macht. Aufgrund der gesammelten Erkenntnisse über die Probleme, Träume und Motive der Kunden ergibt sich jetzt eine Nutzen-Innovation. Sie erinnern sich: Die Computermaus war anfangs eine echte Innovation, stiftete aber keinen erkennbaren Nutzen. Erst die Kombination mit Lisa und Macintosh ließ diese Nutzen-Innovation entstehen. Hier geht es darum, eine Nische zu finden und damit eine Lücke, die andere noch nicht gesehen haben, weil sie nicht so methodisch vorgegangen sind. Hier muss jetzt etwas Einzigartiges entstehen, im Idealfall ein Monopol. In unseren Strategieberatungen sage ich immer: »Wenn nichts Neues oder Einzigartiges entsteht, machen wir es wie bei *Mensch ärgere dich nicht:* Wir gehen zurück auf Feld 1 und fangen von vorn an. Irgendetwas haben wir offensichtlich vorher übersehen. Oft ergibt sich dann bereits in der zweiten Stufe die neue Idee, die es jetzt nur noch auszubauen gilt. In Hunderten von Strategieberatungen hat es bis jetzt keinen einzigen Fall gegeben, in dem wir keine neue Strategie entwickeln konnten. Die Erfahrung zeigt, dass es manchmal offensichtlich, fast zu einfach, aber auch manchmal durchaus versteckt ist. Als wir unseren Schraubenhersteller als Kunden gewonnen hatten, war es keine einfache Aufgabe, aus dem Allerweltsprodukt Schraube etwas Besonderes zu machen. Die patentierte Schraube gelang allerdings erst ganz am Ende der Strategieberatung.

Ich möchte an dieser Stelle noch einmal einen für mich sehr wichtigen Satz schreiben: »Folgen Sie niemals der Idee eines anderen.« Dieser Satz war schon immer mein persönliches Leitmotiv, ist aber mittlerweile auch das Unternehmensmotto vieler meiner Kunden geworden. Nur mit diesem Satz im Kopf konnte ich als Jungunternehmer das Buch mit der 1-Seiten-Methode schreiben, nur so konnte ich als Verkaufstrainer das 7x-Kontaktsystem entwickeln, mit dem neue Kunden auf eine neue Art und Weise gewonnen werden konnten, und nur so konnte ich Clienting realisieren.

Und Sie können mit Ihrem Unternehmen genau das Gleiche erreichen. Mit der erweiterten Knowledge-Clienting-Strategie, die auf dem Faktor Wissen aufbaut, ist es praktisch in allen Branchen möglich, innovativ zu sein.

Die dritte Stufe ist jetzt Ihr gesamtes Innovationspotenzial und Ihre Chance für eine disruptive Lösung. Sie sollten es allerdings nicht übers Knie brechen. Es mag sein, dass Sie nicht direkt auf eine Lösung kommen. Aber Sie haben Ihre Kreativität aktiviert, und die wird Ihnen früher oder später die Lösung liefern.

Jetzt liegt es an Ihnen, Ihre Marktlücke zu finden. Wichtig ist, dass Ihre Lösung Nutzen und Innovation miteinander verknüpft. Erst in dieser Kombination kann Ihre Lösung wirklich bahnbrechende Züge annehmen. Die Keywords dieser Entwicklungsstufe sind damit »Einzigartigkeit«, »Monopol«, »Geschäftslücke finden im Kopf der Kunden und im Markt«. Es geht darum, die Dinge zu finden, die der Kunde nicht von Ihnen fordert, weil er von Ihnen gar keine Lösung erwartet. Sie können dabei auf das interessanteste Potenzial zugreifen, das es nach meiner Überzeugung gibt: das Brain Capital Ihrer Mitarbeiter und Ihrer Kunden. Damit erhalten sämtliche Costumer- und Employee-Experience-Ansätze im Unternehmen immer mehr Bedeutung.

Um die Strategie jetzt zu komplettieren, betreten wir die vierte Stufe. Hier stellt sich die Frage: »Wer sind Ihre Partner der Zukunft?« Die vierte Stufe umschreibe ich immer gern mit dem Slogan »Keiner gewinnt alleine«. Hier geht es um Partner, Kooperationen und Netzwerke, die Ihnen helfen, an der Schnittstelle zum Kunden noch erfolgreicher zu werden. Das ist auch der Grund, weshalb sich in der Automobilindustrie sogar Wettbewerber zusammenschließen.

Wenn wir über die Partner der Zukunft diskutieren, kommen wir an Plattformen nicht mehr vorbei. Viele Unternehmen stellen ja selbst schon gar nichts mehr her, sondern sind Mittler, die lediglich eine Plattform zur Verfügung stellen. Das gilt für Uber genauso wie für Amazon oder Trivago. Der heutige Kunde ist sehr bequem und möchte am liebsten alles aus einer

Hand geliefert bekommen, und das bietet eine ganze Menge Chancen für Partnerschaftssysteme.

Auch Kooperationen machen an der Schnittstelle zu Kunden durchaus immer mehr Sinn. Bei Einkaufsgenossenschaften oder bei den Volksbanken, die ja auch eine Genossenschaft sind, sind diese Chancen ebenfalls vorhanden. Warum sollte man nicht auch dort das gesammelte Brain Capital zum Vorteil des Kunden nutzen? Hier passt ein weiteres Keyword hervorragend rein: die »Partner Experience«. Genauso wie bei den Themen »Costumer Experience« und »Employee Experience« verfügt natürlich auch der Partner über eigenes Wissen. Und auch die Netzwerke des Partners sind an der Schnittstelle zum Kunden wichtiger denn je.

Das sind die Grundlagen der Clienting-Strategie, mit der wir seit vielen Jahren neue Geschäftsmodelle für unsere Kunden entwickeln und sie natürlich auch gern nach Kräften bei der Umsetzung begleiten.

Das Buch würde nicht *Wissenskrieger* heißen, wenn wir nicht an einer digitalen Weiterentwicklung unserer Kernstrategie gearbeitet hätten. Das Ergebnis dieser Entwicklung ist jetzt die nächste Stufe, die mit der Frage aufwartet: »Welches Wissen bieten Sie an?« Im vorherigen Kapitel wurden die fünf Wissensstrategien detailliert definiert. Wichtig ist jetzt deren Umsetzung. Mit Knowledge Nuggets haben Sie, völlig unabhängig von der Größe Ihres Unternehmens, immer die Chance, Erster im Kopf der Kunden zu werden und zu bleiben. Sie können auch entscheiden, ob Sie zeitnah künstliche Intelligenz als Lösung einsetzen möchten. Diesbezüglich hatten wir ja auch schon einige erfolgreiche Beispiele genannt. Ich bin aber davon überzeugt, dass wir gerade erst am Anfang sind. Wissensplattformen und Knowledge Services werden aus Kundensicht immer mehr den wirklichen Ansprüchen intelligenter Kunden gerecht. Was liegt da näher, als den Knowledge-Transfer auch tatsächlich anzubieten? Fangen Sie einfach an. Wenn Sie noch kein Knowledge-Nugget-Video produziert haben sollten, dann starten Sie jetzt damit. Gehen Sie mit einem Video online, das ein zentrales Problem Ihres Kunden löst. Die Erfolge unserer Kunden beweisen das Potenzial einer solchen Maßnahme.

Damit schließt sich der Kreis unserer Knowledge-Clienting-Strategie der konkreten Schritte. Aber noch ein anderes Thema ist mir wichtig. Stellen wir uns eine der wichtigsten Fragen der Zukunft, deren Antwort Weichen stellen kann: »Wie hoch ist die Nachhaltigkeit Ihres Unternehmens?« Ich bin überzeugt davon, dass dieses Thema in Zukunft eine immer wichtigere Rolle spielen wird: die Verantwortung für unsere Umwelt, sprich: Klimaschutz, CO_2-Emissionen und die gesellschaftliche Rolle, die Unternehmen in Zukunft übernehmen müssen. Das alles muss auch in Zukunftsstrategien integriert werden. Mir ist erst ein Unternehmen bekannt, das einen CSR-Index für Unternehmen entwickelt: die QSCert Germany.

Wenn wir es ernst meinen, dann müssen wir Nachhaltigkeit definieren. Wir brauchen dafür wiederum das konkrete Wissen, um das Thema auch richtig bewerten zu können. Und es muss messbar sein und damit auch prüfbar werden. Worten müssen dann Taten folgen.

KAPITEL 16
DIE KERBE IM UNIVERSUM

… und wie man sie hineinschlagen kann

Steve Jobs wollte nicht weniger als die Welt verändern. Spätestens mit der Vorstellung des iPhones am 9. Januar 2007 ist ihm dieser Husarenstreich auch tatsächlich gelungen. Das iPhone war sein Meisterstück, sein Fingerabdruck in der Geschichte, die Kerbe, die er unbedingt irgendwann ins Universum schlagen wollte. An diesem 9. Januar war ihm eines klarer als alles andere: Jedes nächste iPhone kann nur dann entwickelt werden, wenn Menschen bereitstehen, die es erdenken und umsetzen. Er wusste, dass der Erfolg von Apple mit dem Wissen der Mitarbeiter steht und fällt. Apple war deshalb nicht nur immer schon ein »Great Place to Work«, sondern immer auch ein »Great Place to Think«.

Schon Steve Jobs wusste: Wenn wir geboren werden, werden wir in diese Welt hineingeworfen. Sie ist, so scheint es, schon fertig, wenn wir kommen, und das nehmen wir hin. Aber sie ist längst noch nicht fertig, und das wird sie auch niemals sein, solange es Menschen gibt: Wir können sie ändern, formen, gestalten, so wie alle Menschen es gemeinsam seit Anbeginn getan haben. Für Veränderung und Fortschritt braucht es allerdings immer zwei Voraussetzungen: zum einen ein Ziel, das es zu erreichen gilt, zum anderen die richtigen Menschen, die uns helfen, wenn wir auf dem Weg dorthin nicht mehr weiterwissen. Ich kann es gar nicht oft genug betonen: Keiner gewinnt alleine. Und eigentlich wollen wir das auch gar nicht, denn dann hätten wir niemanden, mit dem wir später in Erinnerungen schwelgen können, mit dem wir unsere Leistungen bewerten und den Weg dorthin analysieren können. Steve Jobs wusste, dass er es ohne Steve Wozniak nie geschafft hätte.

Es geht dabei auch gar nicht um das Wissen allein: Je mehr Menschen sich um die Lösung eines Problems bemühen, desto mehr Ideen kommen auf. Mehr Augen können mehr Zusammenhänge und Funktionsweisen erkennen. Mehr Hände können mehr schaffen, damit wir unser Ziel schneller erreichen.

Warum wir Erfahrung in digitalen Zeiten neu denken müssen

Dass Wikipedia sein Wissen kostenlos zur Verfügung stellt und Menschen ihr Wissen dort kostenlos einpflegen, ist durchaus nicht selbstverständlich, aber auch keine Ausnahme. Auch viele Tausend andere Seiten stellen ihr Wissen all denen zur Verfügung, die lediglich mit einem Seitenbesuch bezahlen. Aber die Kostenloskultur des Internets hat uns auch verändert, denn sie hat uns dazu erzogen, alles erst einmal *for free* zu erwarten. Wenn ich zahle, muss der Nutzen deutlich erkennbar sein, was wiederum den alten Marktgesetzen entspricht. Andersrum ist die sogenannte Gratismentalität auch eine Mogelpackung, denn am Ende zahlen die Seitenbesucher mit ihrer Verweildauer, was wiederum Werbekunden anlockt. Digitale Geschäftsmodelle funktionieren auf vielfältige Weise.

Das Wissen, das Wikipedia anbietet, ist allerdings vorwiegend allgemeines Wissen. In unseren Unternehmen brauchen wir hingegen spezielles Wissen, von dem nur diejenigen einen Nutzen haben, die dasselbe Produkt herstellen. Dieser Wissensschatz muss mit frei verfügbarem Wissen angereichert werden, um neue Lösungen entwickeln zu können. Fortschritt erzielt man schließlich nur, wenn altes Wissen neu gedacht wird. Dadurch entsteht neues Wissen, das nicht nur in einzelnen Köpfen verbleiben darf, sondern für alle verfügbar sein sollte.

Erfahrung war früher die Garantiekarte für den eigenen Arbeitsplatz. Exklusives Wissen hat den Wissensträger unentbehrlich gemacht. Er hat von diesem Wissen nur so viel preisgegeben, wie er unbedingt musste. Wir müssen deshalb Wege finden, dass dieses Wissen freiwillig zur Verfügung gestellt wird. In einer immer komplexer werdenden Welt werden auch Probleme, Herausforderungen und Fragen immer komplexer. Ein Einzelner kann kaum noch Lösungen erarbeiten. In Teams steckt einfach das notwendige Quäntchen mehr Lösungskompetenz. Durch Vernetzung müssen wir uns Wissen heute strategisch erschließen, was nur funktioniert, wenn jeder sein persönliches Wissen in den Ring wirft, damit es ein anderer aus der Runde mit seinem Wissen kombinieren kann. Eine solche Form des Wissensmanagements funktioniert nur mit einer entsprechenden Entscheidungskultur.

Wissen ist nichts, was wir ausgraben können. Aber wir können es fördern. Es entsteht durch Denken und Handeln, Austauschen und Kommunizieren. Und natürlich durch Lernen. Wer Wissen weiterreichen soll, muss über die Freiheiten verfügen, das alles tun zu dürfen. Wer denken soll, muss auch lernen dürfen. Aus seinen Ergebnissen, aber auch aus seinen Fehlern. Machen, falsch machen, anders machen: Lernkurven motivieren. Strafen eher nicht. Wenn wir einen Menschen dazu motivieren möchten, sein Wissen vollumfänglich zur Verfügung zu stellen, dann müssen wir ihm klar machen, dass er trotzdem unentbehrlich ist. Weil Wissen allein nicht reicht, sondern auch die Fähigkeit vorhanden sein muss, dieses Wissen zu nutzen und im richtigen Moment auf die Straße zu bringen. Jeder besitzt andere Fähigkeiten und Kompetenzen: Der eine besticht durch hohe Lernfähigkeit, der andere kann hervorragend kombinieren, ein Dritter verfügt über das Netzwerk, das Instrumente bereitstellt, mit dem Wissen in Lösungen verwandelt werden kann. Unterm Strich gilt: Je größer der Wissensschatz, desto besser die Entscheidungen, die dann wiederum schneller ans Ziel führen.

Damit schließt sich der Kreis unserer neuen Knowledge-Clienting-Strategie. Der Vorgänger, die digitale Kundenstrategie Clienting, wurde und wird erfolgreich in über 40 Branchen eingesetzt. Neue Geschäftsideen und

Geschäftsmodelle sind dadurch entstanden, wie ich es in diesem Buch immer wieder mit anschaulichen Beispielen verdeutlicht habe. Es ist mir wichtig, immer konkret zu bleiben, und genau das war eines der großen Hindernisse bei der Einführung der Clienting-Strategie: Man wollte Beweise sehen, dass diese Strategie auch tatsächlich funktioniert. Später war es dann kein Thema mehr, denn irgendwann waren genug Beispiele mit Überzeugungskraft gesammelt. Diese Problemstellung wollte ich mit der erweiterten Knowledge-Clienting-Strategie vermeiden. Und darum können wir auch bereits jetzt direkt Kunden präsentieren, die es mehr als erfolgreich einsetzen. Leider war es oft bei meinen Ideen und Konzepten so, dass ich der Zeit voraus war. Und das ist genauso riskant, wie zu spät dran zu sein. Auch in diesem Buch habe ich Beispiele genannt, die floppten, weil einfach das Timing nicht stimmte.

Diesmal bin ich mir allerdings sicher, auch für Sie das richtige Timing zu haben. Jetzt ist die Chance: Nutzen Sie die Gunst des Augenblicks. Wissen wird zukünftig wie Digitalisierung zentraler Baustein erfolgreicher Firmen werden. Mit der Knowledge-Clienting-Strategie gewinnen Sie den Wissenskrieg für Ihre Kunden und werden zu einem Türsteher in der digitalen Ära. Starten Sie jetzt durch. Es war noch nie so einfach. Denken Sie daran: Die meisten Geschäftsmodelle der neuen Wirtschaftsära sind noch gar nicht erfunden worden. Seien Sie Erster. Am Markt. Und natürlich im Kopf des Kunden.

Bevor wir eine Kerbe ins Universum schlagen, ist es mir wichtig klarzumachen, dass wir Neuland betreten. Das Neuland des Geschäftserfolgs in einer wissensbasierten Welt. Neue Wordings wie Brain Data, Knowledge Economy, Brain Capital und Knowledge Nuggets hören sich zuerst ungewohnt an. Aber sie werden schnell übernommen und halten Einzug in die Unternehmen, die ihre Businesszukunft sicher gestalten wollen oder zu den Ersten gehören wollen, die einen eigenen Markt schaffen. Das motiviert mich und sicherlich auch Sie. Sie können mit dieser Zukunftsstrategie gleich mehrere Ziele erreichen. Das macht diese Knowledge-Clienting-Strategie möglich. Sehen Sie es genauso? Dann lassen Sie uns durchstarten.

Wenn Sie mit uns weitermachen möchten, werden wir Ihnen interessante Ideen liefern können. Mit der richtigen Mischung aus Erfahrung und Visionskraft können Märkte bewegt und Kerben geschlagen werden. Ob ins Universum oder in den Wettbewerb, spielt erst einmal keine Rolle. Wichtig ist nur, dass Sie die Bereitschaft mitbringen, neue Wege zu gehen und alte Zöpfe abzuschneiden. Und dass Sie von den neuen Möglichkeiten und Chancen der Knowledge Economy genauso begeistert sind wie ich.

MEINE KERNBOTSCHAFT FÜR IHRE UMSETZUNG!

25 VORTEILE DER KNOWLEDGE-CLIENTING®-STRATEGIE

1. Erfinden Sie Ihren **eigenen Markt** neu!
2. Machen Sie Ihr Unternehmen **zukunftssicher!**
3. **Raus aus der Vergleichbarkeit!**
4. Nutzen Sie jetzt den heutigen **Technologie-Vorsprung,** bevor es alle anderen erkennen!
5. Entwickeln Sie Ihr **innovatives Geschäftsmodell** der nächsten Jahre!
6. Erkennen Sie die nächste Wachstumschance der **Digitalisierung durch Wissensplattformen!**
7. Schaffen Sie Ihr **Monopol,** wenn es noch keiner in Ihrer Branche gemacht hat!
8. Kommen Sie raus aus dem **ruinösen Wettbewerb!**
9. Werden Sie zum **Türsteher Ihrer Branche!**
10. Werden Sie zu einem **Knowledge Champion!**
11. **Skalieren Sie** Ihr Geschäft mit einer neuen Strategie!
12. Schaffen Sie **motivierte Mitarbeiter**, die sich einbringen!
13. Entwickeln Sie eine Mitarbeiterstrategie, wie Sie in 1.000 Tagen zum **Wunscharbeitgeber** werden!
14. Mit dieser Strategie erzeugen Sie Sog und **Mitarbeiter bewerben sich von alleine bei Ihnen!**
15. Die großen Herausforderungen in Unternehmen bezogen auf Mitarbeiter wie **Teamkultur, Kommunikation, Information, Integration und Motivation** werden mit dieser Strategie gelöst!
16. Schaffen Sie **begeisterte Kunden!**
17. Definieren Sie **Costumer Experience** neu!

18. Verblüffen Sie den **intelligenten Kunden** mit einem neuen Nutzen für ihn!
19. Ihr Wissen und das Wissen Ihrer Mitarbeiter ist der **neue Erfolgsfaktor!**
20. Gehen Sie raus aus dem **Verdrängungswettbewerb!**
21. Erfinden Sie die **Positionierung** neu!
22. Werden Sie in **gesättigten Märkten** innovativ!
23. So stellen Sie die **Grundregeln Ihrer Branche** auf den Kopf!
24. So bestimmen Sie Ihren Preis und sind raus aus dem **Preiskampf!**
25. Die Zeitenwende ist da. Nutzen Sie jetzt das richtige **Timing** für eine perfekte Zukunftsstrategie, die Sicherheit, Mitarbeiter, Kunden verbindet!

Mehr Informationen zu Knowledge Clienting®, wissensbasierten Wachstumsstrategien, Kundenbeispielen, aber auch zu individuellen Strategieberatungen, Zukunftsworkshops für Unternehmen und persönlichen Coachings sowie Mitschnitten von Vorträgen und Veranstaltungen, Interviews und Videoproduktionen finden Sie auf:

www.geffroy.com

YouTube-Kanal von Edgar Geffroy:

Trailer Wissenskrieger/Knowledge Clienting®:

www.wissenskrieger.de

WIE KÖNNEN WIR SIE UNTERSTÜTZEN?

Vertiefen Sie Ihre Ziele in gemeinsamen Vorträgen, Coachings, Beratungen oder auch Resulting-Projekten und lassen Sie uns gemeinsam die individuelle Zukunftsstrategie für Ihr Unternehmen entwickeln.

Keynote/Vortrag für Ihre Veranstaltung
Lenken Sie mit dynamischen Geffroy-Vorträgen für Ihre Kunden oder Mitarbeiter oder im Workshop mit Führungskräften den Blick auf eine andere Sichtweise und brechen Sie eingefahrene Denkmuster auf. Geffroy weiß um die Kraft des Perspektivwechsels und inspiriert durch wachrüttelnde Botschaften. Er bleibt mit kreativen, sofort umsetzbaren Ideen und einer Top-Performance im Kopf seiner Zuhörer.

Roadshow mit Edgar Geffroy
Wie wäre es mit einer eigenen Roadshow? Edgar K. Geffroy nimmt Ihren Unternehmensfokus mit auf eine spannende Tour und ermöglicht so die persönliche Ansprache und Begegnung von Unternehmen und Zielgruppe.

Praxisseminar
1 Tag – öffentliches Seminar für Unternehmer
In unserem Praxisseminar werden Ihnen konkrete Handlungsanweisungen vermittelt, die Ihnen eine sofortige Umsetzung, unabhängig von der Branche oder Unternehmensgröße, in Ihrem Unternehmen ermöglichen. Sie können bereits am Folgetag Ihr Konzept für mehr Erfolg im eigenen Business konkret umsetzen.

3-Stunden-Beratung
3-stündiges Unternehmer-Coaching
Manchmal bedarf es nur eines neutralen Blickes, um Möglichkeiten zu erkennen, mit denen man nicht gerechnet hat. Egal, welche Business-Kittelbrennfaktoren Sie aus welcher Branche mitbringen. Sie geben das Thema vor!

Strategieentwicklung
1 Tag – individuelle Strategieentwicklung für die Geschäftsführer
Raus aus dem Denken in Produktwelten! Monopole schaffen, lösungsorientiert denken, die brennenden Probleme des Kunden identifizieren und die Träume des Kunden erfüllen und Mitarbeiter auf dem Weg mitnehmen. Erfahren Sie, wie Sie disruptive Kundenlösungen in der digitalen Welt umsetzen können. Wir unterstützen Sie dabei, sich in gesättigten und umkämpften Märkten mit der Knowledge-Clienting-Strategie klar vom Wettbewerber absetzen zu können.

Zukunftsworkshop
1 Tag – für bis zu 50 Mitarbeiter und Führungskräfte
Mehr Köpfe, mehr Input – konkrete Herausforderungen gemeinsam im Team lösen. Motivierte Mitarbeiter machen sich für Unternehmensziele stark und geben ihre Begeisterung an Kunden weiter. Mit diesem Zukunftsworkshop zeigen wir Ihnen, welche Power tatsächlich in Ihrem Unternehmen steckt und wie Sie aus eigener Kraft Herausforderungen lösen. Das Wissen und die Innovationskraft der Mitarbeiter sind das wichtigste Kapital im Unternehmen. Und die kreativen Resultate werden Sie begeistern!

Projektumsetzung
9–12 Monate Resulting – Umsetzung mit messbaren Ergebnissen
Ein wesentlicher Aspekt unserer Arbeit ist das Resulting. Darunter verstehen wir die Umsetzung der gemeinsamen Strategie über einen Zeitraum von

mehreren Monaten. Hier können wir unsere Erfahrungen aus mehr als 100 Projekten mit einbringen.

Unser Knowledge-Clienting®-Resulting basiert auf vier wesentlichen Säulen. Wenn auch jede einzelne für sich umgesetzt werden kann, so ergibt erst der vernetzte Ansatz die Möglichkeit, einen eigenen Markt zu schaffen und das Unternehmen zukunftssicher zu machen in einer digitalen Welt, die sich gerade zu einer Knowledge Economy transformiert. Sie bietet jedem Unternehmen eine perfekte Zukunftsstrategie und nimmt dabei den Mitarbeiter und sein Wissen mit in die zukünftige Wissensgesellschaft. Mit dieser Strategie können bis zu 25 »Pain Points« heutiger Unternehmen gelöst werden und sich heute, in denen Produkte immer austauschbarer werden, durch Know-how unterscheiden.

Jedes Unternehmen kann den Prozess aus dem Nichts heraus in Gang setzen.

Unser Team unterstützt Sie dabei, Ihre neue Strategie in die Tat umzusetzen!

Rufen Sie an oder mailen Sie und erfahren Sie, wie Sie Ihr Unternehmen mit Knowledge Clienting® erfolgreicher machen!

Sofort-Kontakt: + 49 (0) 211 40 80 97 - 0
E-Mail: team@geffroy.com

ÜBER DEN AUTOR EDGAR K. GEFFROY

Der Erfinder neuer Geschäftswelten

Edgar Geffroy erfindet seit vielen Jahren messbar neue Märkte und Geschäftsmodelle für seine Kunden. Er sieht immer wieder die Lücke, die Kunden und Wettbewerber oft nicht erkennen. So konnte er Unternehmen erfolgreich in ein neues Business führen.

Viele seiner Kunden sind dadurch zu Regelbrechern, Umsatzsiegern und Marktführern geworden. Sein geschäftlicher Erfindergeist wurde zu seinem Markenzeichen.

Mit 39 Jahren Unternehmenserfahrung als Strategieberater, Top-Keynote-Speaker und Bestsellerautor ist Edgar K. Geffroy für viele Unternehmer heute zum Maßstab für Kontinuität auf der einen Seite sowie Innovationskraft und Pioniergeist auf der anderen Seite geworden.

Der Erfinder des Clienting® zählt zu den erfolgreichsten Referenten und Vordenkern in Deutschland.

Geffroy hat ein ausgeprägtes Talent, Menschen zu begeistern und für neue Wege zu motivieren. Seine Ideen und Impulse haben bis heute fast eine Million Menschen weltweit erreicht und zeugen von der Akzeptanz und Überzeugungskraft seiner Konzepte. Mit Leidenschaft motiviert und inspiriert Geffroy zu unternehmerischem Neudenken in der digitalen Welt.

»Erfinde deinen eigenen Markt neu und mache ihn zukunftssicher«, ist seine Maxime.

Der Clienting®-Gründer

In der Businesswelt sorgte er mit seinen Themen nicht nur einmal für Furore. Der »Service-Pionier« hat der gesamten Kundenorientierung bereits Anfang der Neunzigerjahre mit seiner Clienting®-Strategie eine ganz eigene Note gegeben. Edgar K. Geffroy erfand Clienting®, eine moderne Kundenlehre, die die Beziehung zum Kunden in den Mittelpunkt stellt. Sie zu verblüffen und nicht nur zufriedenzustellen, das ist sein Antrieb.

»Unser Geschäft ist es, zu helfen, damit unsere Kunden selbst bessere Geschäfte machen.« Das ist der zentrale Satz seiner Clienting®-Strategie. Der »Kunden-Pionier« hat mit der Entwicklung seiner Clienting®-Strategie die Wirtschaftswelt revolutioniert. Mit seinem Team entwickelt er für seine Kunden Wachstumsstrategien in der digitalen Welt und setzt diese praktisch um.

Der Strategieberater

Langjährige unternehmerische Erfahrungen in verschiedene Branchen machen ihn zu einem gefragten Strategieberater. Geffroy setzt immer wieder neue Maßstäbe im Bereich Strategieentwicklung und Veränderung durch den digitalen Wandel. Unternehmer schätzen diese Begabung sehr und ziehen ihn zurate, wenn Neues gesucht, etabliert und nachhaltig in den Markt gebracht werden soll. Längst gilt er als Business-Vordenker mit einem besonderen Gespür dafür, die Trends am Markt frühzeitig zu erkennen und zu nutzen.

Edgar K. Geffroy entwickelt digitale Kunden- und Partnerstrategien zur Neupositionierung mit klaren Alleinstellungsmerkmalen. Dabei geht es um Zukunftsstrategien für Kunden, die neues Wachstum in neuen Märkten ermöglichen.

Bis heute hat Edgar Geffroy diverse Mittelständler aus mehr als 50 Branchen zu innovativen Verkaufsstrategien und digitalen Geschäftsmodellen beraten und diese mit seinem Team praktisch umgesetzt.

Er hat jetzt eine perfekte Zukunftsstrategie entwickelt, die jedes Unternehmen in der heutigen Knowledge Economy umsetzen und sich so in den umkämpften Märkten eine Wachstumsstrategie schaffen kann.

Der Business-Speaker

Über 4.000 Auftritte vor mehr als einer halben Million Menschen zeugen von der Akzeptanz seiner Konzepte. Keynote-Speaker Edgar K. Geffroy bleibt mit wachrüttelnden Botschaften und einer Top-Performance im Kopf seiner Zuhörer. Mit einem wahren Feuerwerk an Ideen für neue Wege motiviert er zu unternehmerischem Neudenken.

2007 wurde er in die German Speakers Hall of Fame® aufgenommen und trägt damit die höchste Auszeichnung der German Speakers Association. Für sein Lebenswerk erhielt er 2015 den »Grand prix d'excellence des conférenciers européens« vom Speakerportal »vortragsredner.de«.

2012 erhielt der Keynote-Speaker den Business-Vordenker-Preis des Jahrzehnts der BEST of BEST Academy, Wien. Er zählt zu den zehn wichtigsten Business-Motivatoren (*Wirtschaftswoche*) und zu den 25 führenden Wirtschaftsrednern Deutschlands (*GQ*).

Der Vordenker als Bestsellerautor

Als Erfolgsautor revolutionierte Edgar K. Geffroy mit seinen Bestsellern die Welt von Unternehmern, Marketingverantwortlichen und Verkäufern. *Das Einzige, was stört, ist der Kunde* behauptete sich 100 Wochen in den Top-Ten-Listen.

Bis heute hat der Bestsellerautor 30 Bücher geschrieben und mehr als 250.000 Bücher in 25 Ländern verkauft.

Sein Motto: »Die besten Gelegenheiten ergeben sich dann, wenn man die Grundregeln ändert« zieht sich wie ein roter Faden durch seine Themen.

Der Unternehmer als Beirat

Edgar K. Geffroy ist darüber hinaus

- Beirat der Digitalen Stadt Düsseldorf sowie
- Gründungsbeirat von MT5 (Mission Top 5).

Das Ziel dieser Digitalisierungsoffensive ist es, Deutschland unter die Top 5 in Europa zu bringen. Zum Zeitpunkt der Fertigstellung dieses Buches befand sich Deutschland noch auf dem vorletzten Platz.

Aufgrund seiner besonderen unternehmerischen Leistungen wurde Edgar K. Geffroy im Juni 2003 in den Landeswirtschaftssenat NRW des Bundesverbandes Mittelständischer Wirtschaft berufen. Seit 2004 ist er außerdem Mitglied des Bundeswirtschaftssenats Deutschland im Auftrag des Bundesverbandes Mittelständischer Wirtschaft.

Darüber hinaus engagiert er sich gemeinsam mit einem Partner für Förderprogramme für den Mittelstand.

KONTAKT

Geffroy GmbH
Brain Intelligence GmbH
Großenbaumer Weg 5
40472 Düsseldorf

Tel: + 49 (0) 211 40 80 97 - 0
Fax: + 49 (0) 211 40 80 97 - 26
E-Mail: team@geffroy.com
www.geffroy.com
www.wissenskrieger.de

DANKSAGUNG AN MEINE KUNDEN

Vertrauen ist die Basis einer langfristigen Geschäftsbeziehung. Mit diesem Grundsatz vor Augen arbeite ich seit jeher mit meinen Kunden zusammen. Dabei gibt es einen wesentlichen Unterschied: Mein Team und ich entwickeln nicht nur gemeinsam mit dem Kunden die Zukunftsstrategie, sondern setzen sie auch gemeinsam mit unseren Kunden über einen Zeitraum von mindestens neun bis zwölf Monaten um. So sind auch über diese Beziehung in den Projekten Freundschaften entstanden. Dafür möchte ich mich an dieser Stelle nach fast 40 Jahren Beratertätigkeit bedanken!

In einem Zug zu sitzen, der längst Fahrt aufgenommen hat, ist sicherlich einfacher, als erst einmal den richtigen Zug zu suchen und zu finden. Damit meine ich das Vertrauen meiner Kunden, als First Mover an meine Strategien zu glauben, und die Bereitschaft, zu den Pionieren zu gehören. Insbesondere zähle ich dazu auch die Kunden der ersten Stunde für meine neueste Strategie Knowledge Clienting®. Ich möchte mich ausdrücklich für Ihr Vertrauen bedanken. Der bisherige Erfolg hat uns Recht gegeben.

Besonders bedanken möchte ich mich für die langfristige und intensive Zusammenarbeit mit dem BVMW, Bundesverband mittelständische Wirtschaft – Unternehmerverband Deutschlands e. V. Auch der BVMW glaubte an meine Strategien, als diese noch kein Mainstream waren. Und so konnten wir gemeinsam in vielen Veranstaltungen und Roadshows neue konkrete Impulse für den deutschen Mittelstand liefern. Wenn es darum geht, Danke zu sagen, darf die Deutsche Telekom nicht fehlen. Auch mit der Telekom konnten wir gemeinsam viele Mittelständler dafür gewinnen, die Digitalisierung im Unternehmen an die erste Stelle zu setzen. Und auch hier gibt es noch viel zu tun. Denn die Digitalisierung ist die Voraussetzung für das Entstehen der Knowledge Economy.

DANKSAGUNG AN DIE UNIKLINIK ESSEN

Öffentlich habe ich über den größten Schicksalsschlag meiner Familie bisher nicht gesprochen. Er war nur wenigen Vertrauten bekannt. Jetzt ist ausreichend Zeit vergangen, dass ich darüber schreiben kann.

Nach meiner Silicon-Valley-Reise im Oktober 2018, die mich total motivierte, trat der schlimmste anzunehmende Super-GAU ein, der meine Vorstellungskraft sprengte: Am Freitag, dem 13. Oktober 2018, wurde unsere 13-jährige Tochter, der es zusehends schlechter ging, in die Uniklinik Essen gebracht. Ihr Zustand verschlechterte sich immer mehr und spitzte sich bis Mitternacht dramatisch zu. Sie musste reanimiert werden.

Wenn Sie selbst Vater und Mutter sind, können Sie sich in eine solche Situation hineinversetzen. Bis zu dieser Nacht von Freitag auf Samstag hatten drei Ärzte, darunter ein Professor, die lebensbedrohliche Tragweite des Goodpasture-Syndroms nicht erkannt beziehungsweise falsch prognostiziert. Eltern sind in einer solchen Situation völlig hilflos.

Weil man die extreme Gefährlichkeit dieser Krankheit nicht erkannte, wurde unsere Tochter auf der Kinderstation untergebracht. Man muss dazu wissen, dass diese Krankheit Lungen und Nieren angreift und beides in kürzester Zeit zerstört. Nach heutigem Kenntnisstand in der Medizin sind die statistischen Überlebenschancen dieser Autoimmunerkrankung sehr gering.

Sie müssen sich vorstellen: Ein bis dahin kerngesundes Mädchen wird innerhalb von Tagen zu einem Menschen, der plötzlich um sein Überleben kämpft. Zwei Umständen – ich sage bewusst nicht glücklichen – ist es zu verdanken, dass unsere Tochter überleben durfte: Als es ihr nachts auf der Kinderstation immer schlechter ging und die Nachtärztin auch hilflos war, sagten wir, dass wir Angst um unsere Tochter haben und um ihr Leben fürchten. Und sie sagte spontan: »Ich habe auch Angst. Ich lasse sie auf die Intensivstation bringen.« Auf der Intensivstation spitzte sich die Situation weiter dramatisch zu. Unsere Tochter war mit einem Mal gar nicht mehr ansprechbar.

Ein weiterer Umstand rettete letzten Endes ihr Leben. In der Nacht ließ sich Oberarzt Dr. Cetiner (Facharzt für Kinder- und Jugendmedizin) die Krankenakte geben und sah, dass die auf der Einweisung angegebene Autoimmunkrankheit nicht richtig sein konnte. Noch in der Nacht nahm er Kontakt zum Leiter des Kinderklinikums Essen, Prof. Dr. Peter Hoyer, auf. Später wusste ich: Er war einer der fähigsten Ärzte, die ich je kennengelernt habe. Obwohl er zu diesem Zeitpunkt im Urlaub war, tauschten sich beide Ärzte aus und kamen noch in der Nacht zum Schluss, dass es tatsächlich, wie schon befürchtet, eine extrem gefährliche Autoimmunerkrankung ist. In seiner mehr als 30-jährigen Laufbahn gab es einen solchen Fall weniger als fünf Mal.

Wir wurden mit einem Satz konfrontiert, den ich nie vergessen werde: »Wir haben eine Annahmediagnose, dass Ihre Tochter eine der seltensten und gefährlichsten Autoimmunkrankheiten hat.«

Als ich nachfragte, was eine Annahmediagnose sei, sagte er: »Wir können es zum jetzigen Zeitpunkt nur annehmen. Wir haben allerdings keine Zeit mehr zu warten, bis wir heute Nachmittag die Ergebnisse aus dem Labor bekommen. Wir müssen sofort handeln.«

Was bedeutete das? »Wir müssen Ihre Tochter in ein künstliches Koma versetzen und entsprechend medikamentös behandeln. Bitte unterschreiben Sie hier!« Im Nachhinein ist eine Annahmediagnose für einen Arzt ein hohes Risiko. Denn es ist erst einmal nur eine Annahme.

Unsere Tochter hat überlebt. Und kann ihren 18. Geburtstag feiern. Hinter uns liegen heute 1.000 Tage voller Rückschläge und neuer Hoffnungen. Zum Schluss gab es ein Licht am Ende des Tunnels.

Nur dem Wissen zweier Ärzte, Herrn Dr. Cetiner und Herrn Prof. Dr. Hoyer, ist es zu verdanken, dass unsere Tochter noch lebt. Seit diesem Tag weiß ich, dass Wissen Leben retten kann. Allerdings existiert es nur im Kopf der beiden erfahrenen Ärzte. Was wäre gewesen, wenn beide an diesem Tag nicht da gewesen wären? Wenn Sie versuchen, die Ursachen für das Goodpasture-Syndrom über Google oder andere Wege zu finden, werden Sie scheitern. Unser Kinderarzt, selbst Professor und ehemaliger Leiter einer Kinderklinik, hatte über Tage versucht, anhand der Symptome etwas in Datenbanken zu finden. Ohne Erfolg!

Wenn ich jemals noch eine Bestätigung gebraucht habe, dass mein Brain-Data-Ansatz Sinn macht, dann ist es diese persönliche Erfahrung.

Meine ganze Familie und ich danken noch einmal von ganzem Herzen Herrn Dr. Cetiner und Herrn Prof. Hoyer! Und wir bedanken uns auch bei allen anderen Mitarbeitern und Mitarbeiterinnen des Universitätsklinikums Essen für ihren unermüdlichen Einsatz und ihr Engagement. Nur gemeinsam war es möglich, das fast Unmögliche zu schaffen. Ohne diese beiden Ärzte und das gesamte Team würde unser Leben heute anders aussehen.

DANKSAGUNG AN BARBARA GEFFROY

Mein Dank gilt auch meiner Frau Barbara. Sie gab mir wichtige Impulse für dieses Buch.

Sie ist selbst Autorin von zwei Büchern zum Thema Mitarbeiter: *Auf der Suche nach dem richtigen Mitarbeiter und Die neue Macht der Mitarbeiter* lauten ihr beiden Titel.

Sie ist seit mehr als 15 Jahren als Coach, Mediatorin und Begleiterin von Unternehmen, die gezielt die richtigen Mitarbeiter und Mitarbeiterinnen suchen, tätig. Dabei arbeitet Sie mit einem speziellen Analysesystem, um die Potenziale und Talente der Bewerber und Bewerberinnen zu erkennen.

Vor einigen Jahren, lange bevor ich mich dem Thema Mitarbeiter widmete, ist eine neue Anforderung für meine Frau entstanden: das Erkennen und Zusammenstellen von erfolgreichen Teams und die dafür erforderliche Kultur. Aufgrund Ihrer Erfahrungen und Aktivitäten entstand hieraus die Idee ein Smart- Team- Culture- Konzept zu entwickeln, dass drei zentrale Themenschwerpunkte miteinander verbindet.

1. Das richtige Team direkt nach seinen Potenzialen und Talenten aufzubauen.
2. Eine Teamkultur zu entwickeln, dass die Mitarbeiter in den Mittelpunkt stellt.
3. Die Chancen der Digitalisierung durch smarte Kommunikation und Information für alle nutzbar zu machen.

https://smartteamculture.de/